Arbeitsheft

Maler/-innen und Lackierer/-innen

1. Ausbildungsjahr

von

Katharina Böhm
Siri Campe
Miriam Knop

Handwerk und Technik – Hamburg

Inhaltsverzeichnis

Untergründe bearbeiten – Materialien verarbeiten

1 Welche Untergründe werden bei dem Haus in Aufgabe 2 vor Witterung geschützt?

2 Erläutern Sie mit je einem Beispiel an dem Haus die Aufgaben des Malers zum **Sachwertschutz** und zur **Verschönerung**.

3 Nennen Sie fünf weitere **Materialien**, die der Maler und Lackierer verarbeitet.

-
-
-
-
-

4 Welche Arbeiten haben Sie in Ihrem Ausbildungsbetrieb schon ausgeführt?
Bilden Sie vier Sätze, in denen ein Untergrund und ein Material benannt werden.
Beispiel: Wände mit Gipsspachtel geglättet.

-
-
-
-

Name: Klasse: Datum:

Aufgaben und Tätigkeiten des Malers und Lackierers

1 Ordnen Sie folgende **Aufgaben** des Malers und Lackierers den Abbildungen zu.

Ausbautechnik und Oberflächengestaltung – Bauten- und Korrosionsschutz – Gestaltung von Räumen und deren Instandsetzung – Kirchenmalerei und Denkmalpflege – Maßnahmen zur Energieerhaltung

2 Formulieren Sie **Tätigkeiten**, die der Maler und Lackierer ausführt, um die genannten Aufgaben zu erfüllen.

Aufgaben:

Tätigkeiten:

Aufgaben:

Tätigkeiten:

Aufgaben:

Tätigkeiten:

Aufgaben:

Tätigkeiten:

Aufgaben:

Tätigkeiten:

Name: Klasse: Datum:

Fragen zum Kundenauftrag (siehe QR-Code)

Kundenauftrag

1 Sie sollen Ihren Arbeitskollegen über den Kundenauftrag informieren. Welche Kontaktaktdaten sind wichtig? Teilen Sie Ihrem Kollegen die Kontaktdaten mit.

2 Welcher Raum soll renoviert werden?

3 Wie groß ist das Wohnzimmer der Kundin?

4 Worauf müssen Sie in diesem Wohnzimmer besonders achten?

5 Welche Arbeiten sind in der Pos. 1 benannt?

6 Ihr Meister unterweist Sie. Worum bittet er Sie nach diesem Gespräch?

7 Kennen Sie den Wandfarbton des Wohnzimmers?

Name: Klasse: Datum:

Erkundung des Ausbildungsbetriebs

1 Welche **Räumlichkeiten** gibt es in Ihrem Betrieb?

2 Wie viele Meister, Gesellen und Auszubildende sind in Ihrem Betrieb beschäftigt?

3 Gibt es einen **Sicherheitsbeauftragten**? Wenn ja, wie heißt er?

4 Wo befinden sich in Ihrem Betrieb die **Betriebsanweisungen**?

5 Erkunden Sie das **Ordnungssystem** im Lagerraum. Wie sind die Materialien geordnet?

Name: Klasse: Datum:

Auf der Baustelle

1 Welche **Bedingungen** müssen auf der Baustelle erfüllt sein, damit Sie gut arbeiten können?

2 Nennen Sie **fünf Regeln**, die an jedem Arbeitsplatz gelten!

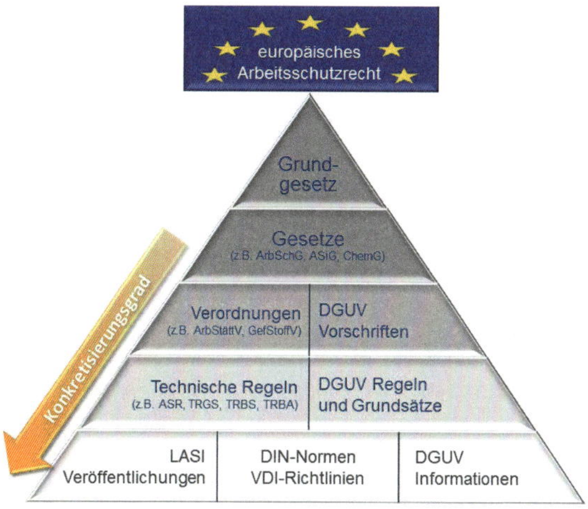

3 Welche Möglichkeiten haben Sie, eine Baustelle im Außenbereich zu **sichern**?
Nennen Sie mindestens drei Möglichkeiten!

Name: Klasse: Datum:

Arbeitssicherheit

1 Warum ist es wichtig, **Arbeitsunfälle** zu vermeiden?

2 Um die Beschäftigten vor Risiken zu schützen, muss der Unternehmer alle Aspekte der Arbeitssicherheit und des Gesundheitsschutzes für seine Mitarbeiter erkennen und bewerten. Wie nennt man diese **Beurteilungen**?

3 Können Gefährdungen am Arbeitsplatz nicht durch technische und andere Schutzmaßnahmen vermieden werden, sind u. a. **Betriebsanweisungen** ein wichtiges Instrument.

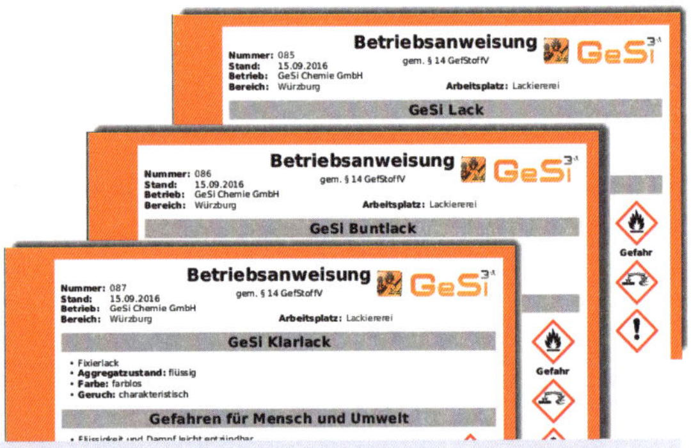

a) In wie viele Bereiche sind Betriebsanweisungen gegliedert? Nennen Sie davon mindestens 4 Bereiche.

b) Worauf muss bei einer Betriebsanweisung besonders geachtet werden?

Name: | Klasse: | Datum:

4 Beantworten Sie folgende Fragen zum Plakat **„Erste Hilfe"**, das Sie über den QR-Code aufrufen können.

Erste Hilfe

a) Nennen Sie die drei Grundsätze beim Auffinden einer Person!

b) Wie heißen die **fünf „Ws"** beim Absetzen eines Notrufes?

c) Worauf müssen Sie nach dem **Notruf** achten?

5 Wie oft müssen **Jugendliche** unter 18 Jahren zum Thema Arbeitsschutz unterwiesen werden?

6 Sind Gefährdungen am Arbeitsplatz durch eingesetzte Materialien, Geräte und Maschinen nicht zu vermeiden, muss vom Arbeitgeber eine **persönliche Schutzausrüstung** bereitgestellt und diese vom Arbeitnehmer getragen werden.

a) Wie lautet die Abkürzung für die persönliche Schutzausrüstung?

b) Bei welcher Tätigkeit haben Sie bereits Teile Ihrer persönlichen Schutzausrüstung eingesetzt?

Arbeitssicherheit

7 a) Lösen Sie das Sudoku. Wie lautet das **Lösungswort**?
Mögliche Buchstaben: A – C – E – H – M – S – T – U – Z

		C		M	8	H		
A	H	1					Z	E
5		Z	S			U		12
3	T					15	U	
9	6		A	U	T		13	
	C			10			A	
		T	E		U	S	7	
C	S	4			14		E	H
		H	2	Z		A		

1	2	3	4	5	6	7	8	9	10	11	12	13	14	15	16
										N					N

b) Welche Bestandteile gehören zur **persönlichen Schutzausrüstung** (PSA) eines Malers und Lackierers?

•
•
•
•
•
•
•

c) Welche **Arten von Zeichen** verstecken sich hinter den sechs Abbildungen?

Gefährliche Arbeitsstoffe

1 Nennen Sie die Bedeutung der Abkürzungen **AGW** und **BGW**.

AGW: BGW:

2 Wie sind AGW und BGW bemessen?

3 Wie wird ermittelt, ob bei einem gefährlichen Arbeitsstoff der AGW oder der BGW überschritten ist?

AGW:

BGW:

4 Ordnen Sie den Piktogrammen ein passendes **Wirkungsbeispiel** zu!

Piktogramm		**Wirkungsbeispiel**
	entzündlich	fortpflanzungsgefährdend
	hochgiftig	verstärken Brände
	ätzend	führen in kleinen Mengen zum Tod
	gesundheitsschädlich	verätzen Körpergewebe
	brandfördernd	sind entzündbar; erzeugen mit Wasser entzündbare Gase

5 **Ergänzen Sie die folgenden Sätze.**

Die weltweit einheitliche Kennzeichnung von Gefahrenstoffen ______________________ .

Die H-Sätze beschreiben ______________, die von den Gefahrstoffen ausgehen.

Die ______________ geben Sicherheitshinweise für den Umgang mit den Gefahrstoffen.

Name: Klasse: Datum:

Gefährliche Arbeitsstoffe

6 Recherchieren Sie mit dem QR-Code: Welche **Gefahrenhinweise** verbergen sich hinter:

H220:

H311:

EUH071:

H- und P-Sätze

7 Welche **Hinweise** muss die Kennzeichnung von Behältern/Etiketten beinhalten?

-
-
-
-
-

8 Nennen Sie vier Beispiele für **Belastungen der Haut**.

-
-
-
-

9 Von der Deutschen Gesetzlichen Unfallversicherung (DGUV) gibt es einen **Hand- und Hautschutzplan**.

Sie finden das Formular über den QR-Code. Drucken Sie den Plan aus und füllen Sie ihn für Ihren Ausbildungsbetrieb aus.

Hautschutzplan

10 Erklären Sie den Begriff **Ergonomie**!

11 Schlechte ergonomische Arbeitsbedingungen beeinflussen das Zusammenspiel von Muskeln, Knochen und Gelenken negativ. Wie können Sie sich vor **Belastungen am Arbeitsplatz** schützen?

Name: Klasse: Datum:

Leitern und Gerüste

1 Wann kommen **Leitern** auf der Baustelle zum Einsatz?

2 Nennen Sie zwei Arten von **baustellenüblichen Leitern**.

3 Ordnen Sie den Piktogrammen die richtigen **Sicherheitsmaßnahmen** beim Aufstellen und Benutzen von Leitern zu.

Leitern und Tritte auf ebenem und tragfähigem Untergrund aufstellen

Anlege-, Schiebe- und Mehrzweckleitern nur bei mindestens 1 m Überstand und bauseitigen Festhaltemöglichkeiten übersteigen

Leitern nicht bei widrigen Witterungsbedingungen nutzen (z. B. Regen, Schnee)

Anlegeleitern in einem Winkel von 65° bis 75° zur Waagerechten anlegen

Nur an sichere Flächen anlehnen

Beim Übersteigen besteht erhöhte seitliche Kippgefahr

Die Spreizsicherung bei Stehleitern immer spannen

Die obersten Sprossen nicht betreten

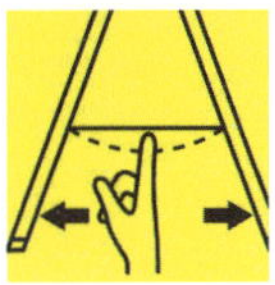

Beim Arbeiten auf der Leiter nicht hinauslehnen

Name: Klasse: Datum:

Leitern und Gerüste

4 Nennen Sie zwei Arten von **baustellenüblichen Gerüsten**.

5 Welche Funktion hat der **dreiteilige Seitenschutz**?

6 Ab welcher Standhöhe ist der **dreiteilige Seitenschutz** vorgeschrieben?

7 Welche Funktion hat die **Diagonalverstrebung**?

8 Erklären Sie den Begriff **Einhausung**.

9 Nennen Sie die Sicherheitsregeln bei der Verwendung eines Fahrgerüsts.

Beim Verfahren von Fahrgerüsten	Beim Arbeiten auf Fahrgerüsten

Name: Klasse: Datum:

Strom

1 Warum ist ein **Stromschlag** für den Menschen so gefährlich?
Kreuzen Sie die drei richtigen Aussagen an.

- ☐ Die Zellflüssigkeit wird durch den elektrischen Strom zersetzt und der Körper wird vergiftet.
- ☐ Der Strom wird über die Füße in den Boden geleitet und es wird so heiß, dass man festbrennt (besonders auf Kunststoff- und Holzböden).
- ☐ Der Stromfluss führt zu Verbrennungen an den Ein- und Austrittsstellen.
- ☐ Der Körper eines Menschen kann durch einen Stromschlag auseinanderbrechen wie ein Baum durch einen Blitz.
- ☐ Fließt Strom durch das Herz, kommt es zu Herzkammerflimmern und schließlich zum Herzstillstand.

2 Welche Regeln für den **Umgang mit elektrischen Geräten und Maschinen** sind für Sie als Maler und Lackierer besonders wichtig? Nennen Sie drei!

3 Welche Bedeutung haben die nachfolgenden **Symbole auf Elektrogeräten**? Verbinden Sie die Symbole mit den entsprechenden Erklärungen.

	Explosionsgeschützte Betriebsmittel
	Für rauen Betrieb
	Gefährliche elektrische Spannung
	Staubgeschützt
	Wasserdicht

4 Welche Symbole erwarten Sie auf den folgenden Geräten?

a) Schleifgerät

b) Dampfstrahlgerät

Brandschutz

1 Zeichnen Sie das **Verbrennungsdreieck** und erklären Sie dessen Bedeutung!

2 Nennen Sie drei Beispiele, wie Sie **Brände verhindern** können!

3 Als Feuer bezeichnet man die Aufnahme von Sauerstoff. Wie wird dieser Prozess **„Aufnahme von Sauerstoff"** auch genannt?

4 Welche Möglichkeiten gibt es, um die Bedeutung von unbekannten Fachbegriffen zu recherchieren?

Name: Klasse: Datum:

6 Vervollständigen Sie den **Handlungsplan**!

Verhalten im Brandfall

Ruhe bewahren

1.

Brandmelder betätigen oder

Telefon

meldet?

ist passiert?

viele sind betroffen/verletzt?

ist etwas passiert?

Warten auf Rückfragen!

2.

Gefährdete Personen mitnehmen

Rettungswegen folgen

Aufzug

Anweisungen beachten

3.

Feuerlöscher, Wandhydrant/Löschschlauch, Mittel und Geräte zur Brandbekämpfung benutzen

7 Beschreiben Sie den Umgang mit hochentzündlichen und explosiven **Gefahrstoffen.**

Name: Klasse: Datum:

Gebindeinformationen lesen

1 Beantworten Sie die Fragen zu dieser **Gebindeinformation.**

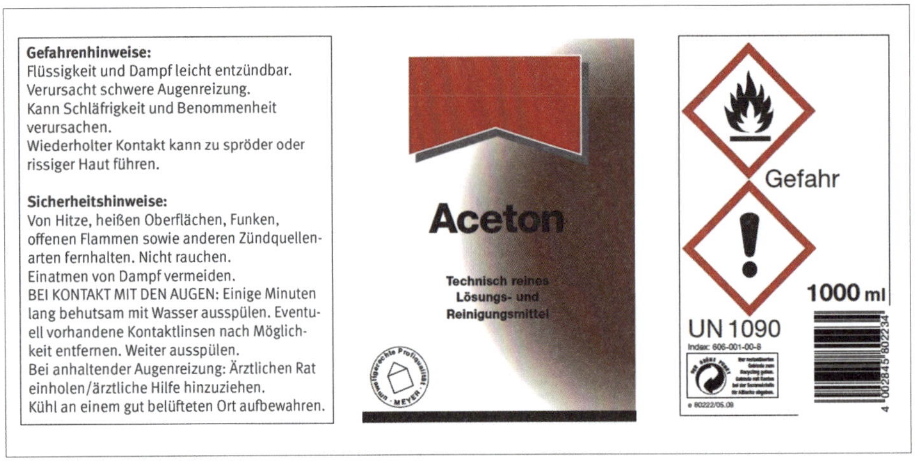

Kennzeichnung für Aceton nach CLP-Verordnung

a) Wie heißt das Produkt?

b) Wofür wird es verwendet?

c) Was sollten Sie bei der Lagerung beachten?

d) Wie können Sie verhindern, dass Aceton in Ihre Augen gelangt?

e) Wie müssen Sie sich verhalten, falls Sie doch etwas Aceton ins Auge bekommen?

f) Warum dürfen Sie Ihre Hände nicht mit Aceton reinigen?

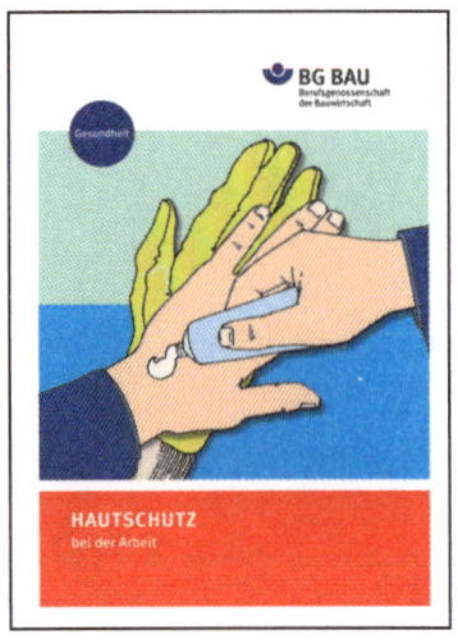

Name: Klasse: Datum:

Gebindeinformationen lesen

g) Welche Möglichkeit haben Sie, Ihre Hände vor Aceton zu schützen?

h) Welche Hinweise werden durch die abgebildeten Zeichen gegeben?

i) Wie viel Liter befinden sich in diesem Gebinde?

j) Wie heißt die weltweit einheitliche Kennzeichnung von Gefahrstoffen?

k) Finden Sie jeweils einen H- und P-Satz der Gebindeinformation!

2 In Ihrem zugewiesenen Aufenthaltsraum bei Ihrem Kunden stehen diese **Gefäße**. Was erkennen Sie sofort? Wie würden Sie sich verhalten?

Abdecken und Abkleben

1 Warum benötigt der Maler **Abdeckmaterial** und **Klebebänder**?

2 Warum gibt es so viele **unterschiedliche Klebebänder**?

3 Wonach richtet sich die Auswahl eines Klebebands? Nennen Sie **drei Kriterien**.

4 Ein **rauer Untergrund** soll zweifarbig gestrichen werden. Nachdem Sie die Fläche aufgeteilt haben und die erste Farbe aufgetragen haben, sollen Sie das ausgewählte Klebeband befestigen und die zweite Farbe aufstreichen. Was müssen Sie beachten?

Name: Klasse: Datum:

Abdecken und Abkleben

5 Nachdem Ihr Anstrich getrocknet ist, sollen Sie das Klebeband entfernen. Worauf achten Sie **beim Abziehen** des Klebebands?

6 Begründen Sie, warum in vielen Betrieben gerne **Abdeckvlies** eingesetzt wird.

7 Welche weiteren **Abdeckmaterialien** kennen Sie?

Name: | Klasse: | Datum:

Oberflächen beschichten

1 Sortieren Sie die **Begriffe** in das Schaubild ein.

Aluminium – Beton – ~~Duroplaste~~ – Eisen – ~~Eisenmetalle~~ – ~~Elastomere~~ – Gips – Gold – Holz – Kunststoffe – Kupfer – Lehm – Metallische Untergründe – Mineralische Untergründe – Naturwerkstoffe – Nichteisenmetalle – Nichtmetallische Untergründe – Putz – Silber – Stahl – ~~Thermoplaste~~ – ~~Untergründe~~ – Zement – Zink

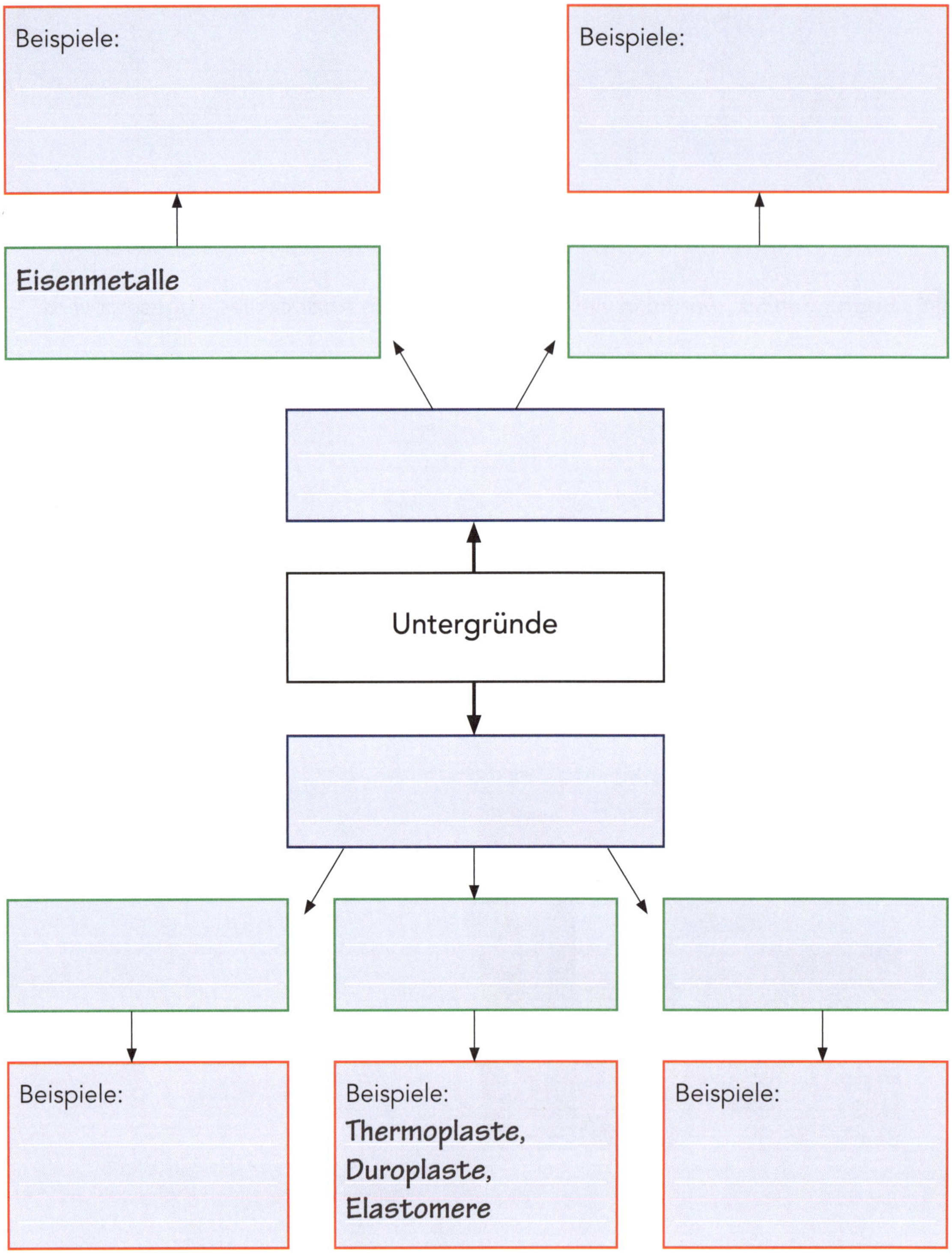

2 Welche **Eigenschaften** soll jeder Untergrund vor einer Beschichtung haben?

Name: | Klasse: | Datum:

Oberflächen beschichten

3 Benennen Sie die Materialien bzw. Untergründe im **Innenbereich**.

Die Wand besteht aus

Die Wand besteht aus

Der   besteht aus Kunststoff

Der Heizkörper besteht aus

Der Fußboden besteht aus

4 Auch im **Außenbereich** beschichtet der Maler und Lackierer Untergründe aus Nichtmetallen.
Nennen Sie Beispiele für mineralische Untergründe, Holz-, Holzwerkstoff- und Kunststoffuntergründe im Außenbereich.

Mineralische Untergründe	Holz und Holzwerkstoffe	Kunststoff

5 Warum muss ein Untergrund **gleichmäßig saugend** sein, bevor Sie ihn beschichten dürfen?

6 Damit die Beschichtung gut haftet und die Oberflächen schützt, ist eine Einteilung nach Saugfähigkeit der Untergründe sinnvoll. Sie entscheidet auch bei der Auswahl der Grundierung mit. Welche Untergründe sind **saugfähig**? Welche Untergründe sind **dicht**? Kreuzen Sie an.

Untergrund	Der saugfähige Untergrund braucht eine eindringende Grundbeschichtung.	Der dichte Untergrund benötigt eine haftvermittelnde Grundbeschichtung.
Putzmörteluntergund		
Lamellenzaun		
Kunststofffensterrahmen		
Sichtbetonfassade		
Heizkörper		

Name: Klasse: Datum:

Oberflächen beschichten

7 Ein **Beschichtungssystem** mit Beschichtungsstoffen besteht meist aus mehreren Schichten. Färben Sie die Schichten des dargestellten Beschichtungssystems unterschiedlich ein. Schreiben Sie mit den gleichen Farben die Bezeichnungen der Schichten (siehe Kasten) in richtiger Reihenfolge von unten nach oben daneben.

Schlussanstrich/Decklack – Grundierung/Grundanstrich – Untergrund – Zwischenanstrich/Vorlack

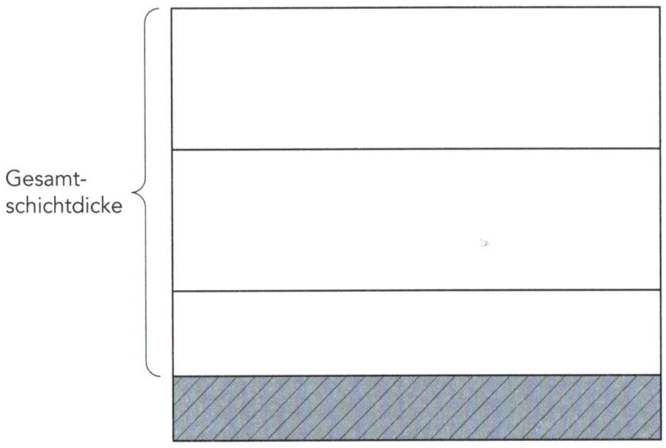

-
-
-
-

8 Warum brauchen Untergründe einen **Anstrichaufbau**?

9 Beantworten Sie folgenden Fragen mit Stichpunkten.

a) Welche Aufgaben erfüllen **Grundierungen**? Nennen Sie drei Aufgaben.

b) Warum werden oft **Zwischenbeschichtungen** aufgetragen?
Nennen Sie drei Gründe.

c) Nennen Sie zwei Gründe, warum ein **Decklack** aufgetragen wird.

Name: | Klasse: | Datum:

Auftragsverfahren

1 Ordnen Sie den Bildern die richtigen **Beschreibungen** zu.

Die Spritztechnik ist eine schneller ausgeführte Technik als das Streichen, Rollen oder Walzen.

Mit Pinseln oder Bürsten werden Anstrichmittel aufgetragen, verteilt und verschlichtet.

Der Anstrichträger wird mit dem Anstrichstoff übergossen. Das überschüssige Anstrichmittel (Flutlack) läuft in die Auffangwanne. Dort wird es angesaugt, gesammelt und erneut zur Düse gepumpt und so weiterverwendet.

Durch das Abrollen wird der Beschichtungsstoff zunächst in unterschiedlicher Richtung gleichmäßig verteilt und anschließend in eine Richtung abgerollt, um Walzenansätze zu vermeiden.

Mit Roll- oder Walzwerkzeugen lassen sich große Flächen schneller als mit Streichwerkzeugen beschichten.

Die Pinselstruktur bleibt sichtbar und zeigt das handwerkliche Können. Dabei hat jeder Maler seine eigene Handschrift/Pinselspur (Duktus).

Der Anstrichträger wird vollständig in den Anstrichstoff getaucht und anschließend wieder herausgehoben.

2 Ist die Oberfläche nach dem Auftrag trocken, muss das Ergebnis kontrolliert und beurteilt werden. Welche **Prüfung** nehmen Sie vor?

Name:	Klasse:	Datum:	

Umweltschutz

1 Welche Möglichkeiten haben Sie, in Ihrem Berufsalltag **umweltfreundlich** zu handeln? Nennen Sie mindestens zwei Beispiele.

2 Erklären Sie die Begriffe **Emission** und **Immission**.

3 Welche **Vorteile** verschafft umweltfreundliches Handeln Ihrem Betrieb?

4 Ein zentraler Aspekt der Europäischen Umweltpolitik ist die **Reinhaltung der Luft**. Was soll mit der „Decopaint-Richtlinie" erreicht werden?

Name: Klasse: Datum:

5 Ergänzen Sie das Schaubild.

Abfall möglichst ______

↓

Abfälle/Wertstoffe ______, ______ und sortieren

↓

Wertstoffe stofflich verwerten (______)

↓

Wertstoffe ______ verwerten (Verbrennen in Heizkraftwerken)

↓

Nicht verwertbare Reste behandeln (z. B. Verbrennen und Schwermetalle dabei ______)

↓

Behandelte Reste ______ (z. B. auf einer Deponie)

6 Wie vermeiden Sie und Ihre Kollegen Abfälle?

7 Warum boomt die Branche der **Abfallentsorger**?

Umweltschutz

8 Vervollständigen Sie den folgenden Text.
Setzen Sie folgende Wörter richtig ein.

dokumentieren – Entsorgungsnachweis – gefährlicher – Betriebe – schädlichen – Trennung – zugelassenen

Bei der ______ und Entsorgung ______ Abfälle müssen die Vorschriften zum Umwelt- und Gesundheitsschutz eingehalten werden. Die ______ sind verpflichtet, die Entsorgung dieser Abfälle zu ______. Das heißt, die ______ Stoffe dürfen nur zu einer ______ Verwertungs- oder Beseitigungsanlage transportiert werden, wo der Bringer einen ______ erhält.

9 Kreuzen Sie an, in welcher **Kategorie** der Abfall entsorgt wird.

	Recycling von Wertstoffen	**Energetische Verwertung von Gewerbeabfällen**	**Deponierung von gefährlichen Abfällen**
gefüllte Farb- und Lackeimer			
Verpackungen mit dem Grünen Punkt			
Holzschutzmittel			
Tapetenreste			
nicht vollständig entleerte Spraydosen			
Bauschutt			
restentleerte Gebinde			
Verdünnungen			
Papier			
Laminatreste			

10 Seit wann gibt es den **Blauen Engel**?

11 Wie viel Prozent Lösemittel dürfen **wasserverdünnbare Dispersionslacke** und **High-Solid-Lacke** enthalten?

12 Wie wird der bewusste Umgang mit den Ressourcen der Erde genannt?

Name: Klasse: Datum:

Verhalten beim Kunden

1 Beim Kunden ist Ihr Verhalten als Handwerker ein Gradmesser für die **Kundenzufriedenheit**. Welche Möglichkeiten haben Sie, positive sichtbare Signale zu senden?

2 Worauf sollten Sie bei der **Körperhaltung** achten?

3 Nennen Sie weitere **Verhaltensregeln**. Versuchen Sie zu jedem Buchstaben des Alphabets eine Regel zu finden.

Name: Klasse: Datum:

Verhalten beim Kunden

4 Wie bereiten Sie sich auf ein **Beratungsgespräch** vor?

4 Auf dem Bild sehen Sie eine mehrtägige Baustelle, die zum Feierabend verlassen wurde. Finden Sie **Gründe**, warum dieser Malerbetrieb vom Kunden nicht weiterempfohlen wird.

Name: | Klasse: | Datum:

Umrechnen von Maßeinheiten

1 1 µm entspricht 0,001 mm. Berechnen Sie die **Gesamtschichtdicke** in mm.

a) Grundierung 80 µm, Zwischenbeschichtung 120 µm, Schlussbeschichtung 140 µm

b) Grundierung 50 µm, Zwischenbeschichtung 110 µm, Schlussbeschichtung 120 µm

c) Grundierung 75 µm, Zwischenbeschichtung 100 µm, Schlussbeschichtung 160 µm

2 a) Die Gesamtschichtdicke soll 150 µm betragen. Wie viel mm dick muss die **Zwischenbeschichtung** sein, wenn Grundierung und Decklack zusammen 97 µm dick sind?

b) Vorgeschriebene Gesamtschichtdicke: 230 µm. Die Grundierung ist 50 µm dick und die Zwischenbeschichtung 130 µm. Wie dick muss die Schlussbeschichtung sein?

3 Rechnen Sie die folgenden Größen in µm um.

a) 4 mm b) 20 dm c) 134 mm d) 17 m e) 67 cm f) 11,5 dm

4 Ergänzen Sie die Umrechnungstabelle. Wie lautet der jeweilige **Umrechnungsfaktor**?

km	m	dm	cm	mm	µm
1					10^9 =
			10 000		
		100			
	1				
0,0001		1		100	
0,00001			1		10 =
0,000001				1	1 000
0,0000001	0,0001				100

1 000

Untergründe bearbeiten – Materialien verarbeiten

1 Ordnen Sie folgende **Untergründe und Materialien** den Ziffern in der Abbildung zu.

Beton – Dämmmaterial – Gipsplatte – Holz außen – Holz innen – Kunststoff – Lack – Metall – Naturstein – Putz – Stahl – Tapete – Teppichboden – Wandfarbe – WDVS außen – Ziegelsteine – Zink

2 Kennzeichnen Sie in der Abbildung die **Untergründe**, die der Maler und Lackierer bearbeitet, mit einem U und die **Materialien**, die er verarbeitet, mit einem M.

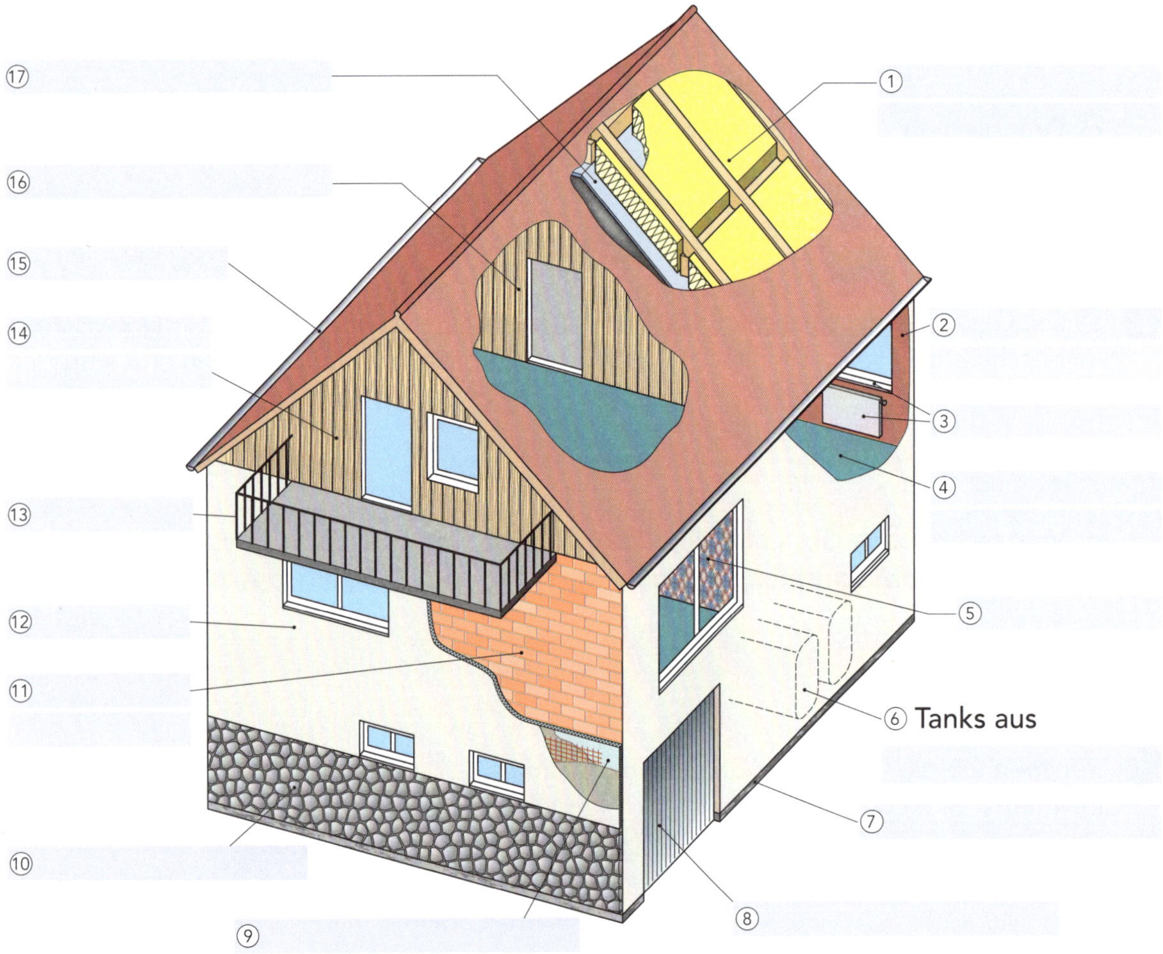

3 Kreuzen Sie die richtigen Antworten an.

Beschichtungen können ihre Aufgaben nur erfüllen, wenn …

- ☐ a. der Untergrund ganz glatt ist.
- ☐ b. der Untergrund nur noch kleine Mängel aufzeigt.
- ☐ c. alle Verunreinigungen entfernt wurden.
- ☐ d. der Untergrund geschliffen ist.
- ☐ e. der Untergrund metallisch glänzt.
- ☐ f. der Auszubildende in der Berufsschule ist.
- ☐ g. der Untergrund angeraut wurde.

Name: | Klasse: | Datum:

Untergründe – Überblick

1 **Ergänzen Sie die Pfeile** in dem folgenden Mindmap, damit die Zusammenhänge deutlicher werden.

Mineralische Werkstoffe

Eisenmetalle

Nichtmetalle

Werkstoffe

Metalle

Holz und Holzwerkstoffe

Kunststoffe

Nichteisen-Metalle

saugfähig

Nicht saugfähig

2 Welche **Untergründe** haben Sie in Ihrem Ausbildungsbetrieb schon kennengelernt? Bilden Sie vier Sätze, in denen ein Untergrund benannt wird.

3 Welche nichtmetallischen Untergründe müssen in dem Kundenauftrag, den Sie im QR-Code finden, bearbeitet werden?

Kundenauftrag

Name: Klasse: Datum:

Beschichtungssysteme

1 Ergänzen Sie die Übersicht über **Beschichtungssysteme** mit den Begriffen im Kasten.

Alkydharzlacke – Bodenbeläge – Dispersionsfarben – Glasfaser – Raufaser – Silikatfarben – Tapeten – Vlies – Wandbekleidung – „Wasserlacke"

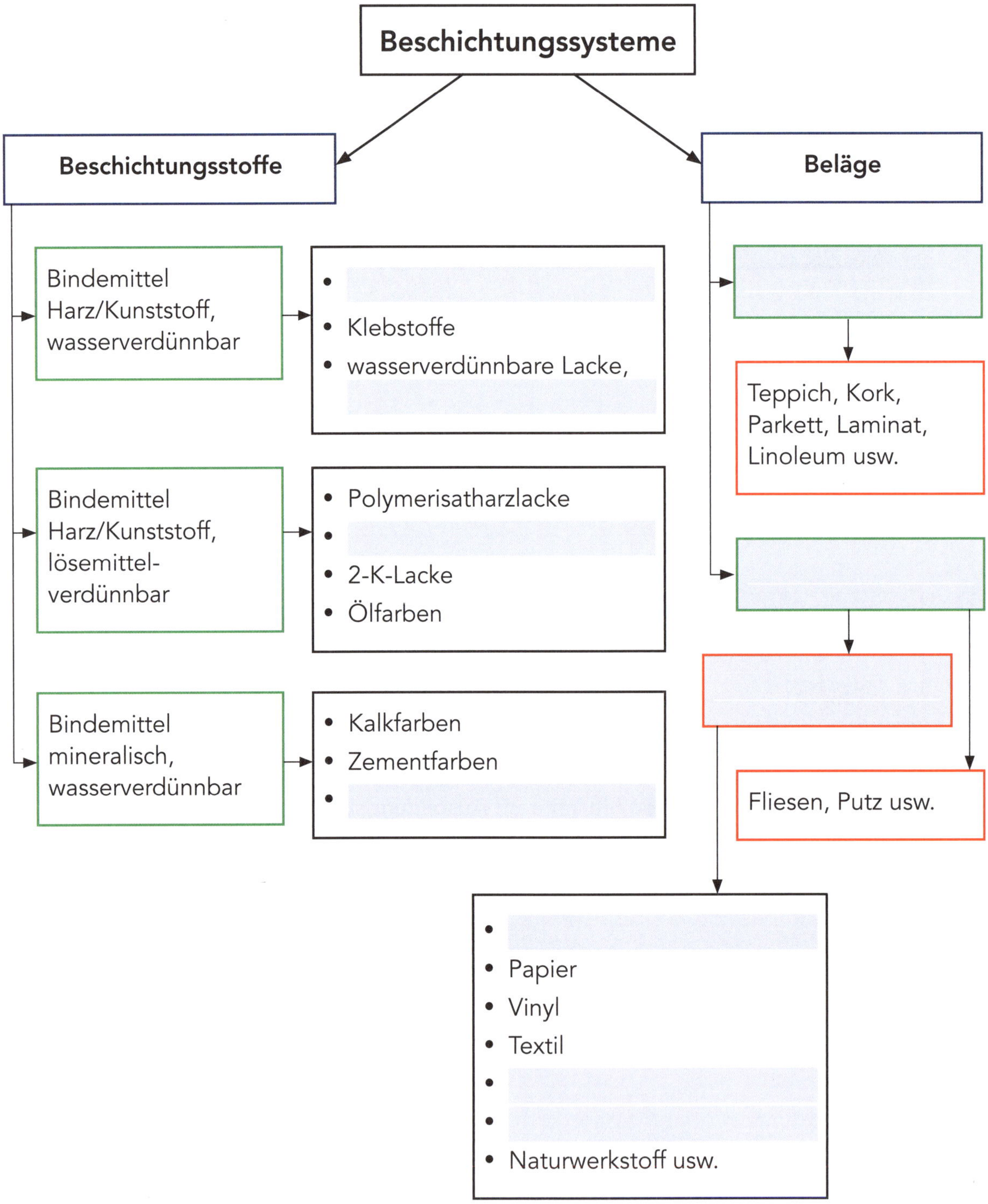

2 Wie wird die **Kraft** genannt, die zwischen zwei Körpern wirkt und dafür sorgt, dass die Beschichtung oder der Belag auf dem Untergrund haftet?

Name: Klasse: Datum:

Holz und Holzwerkstoffe

1 a) Finden Sie unter den Begriffen im Kasten **Überschriften** für die drei Spalten.
b) Ordnen Sie die übrigen Begriffe den **Abbildungen** zu.

Birke – Buche – Douglasie – Eiche – Fichte – Holzwerkstoffe – Kastanie – Kiefer – Kirschbaum – Lärche – Laubhölzer – Leimholzplatte – MDF-Platte – Nadelhölzer – OSB-Platte – Pinie – Spanplatte – Sperrholzplatte – Stabsperrholzplatte – Tanne – Ulme

2 Welche **Holzwerkstoffe** können aus dem abgebildeten Rohstoff hergestellt werden?

3 Definieren Sie den Begriff **Holzwerkstoffe**.

4 Nennen Sie einen großen **Vorteil von Holzwerkstoffen** gegenüber natürlichem Holz.

Name: Klasse: Datum:

Holzaufbau

1 Beschriften Sie den **Holzschnitt** mit folgenden Begriffen:

Bast – Borke – Frühholz – Holzstrahlen – Jahrring – Kambium – Kernholz – Markröhre – Spätholz – Splintholz

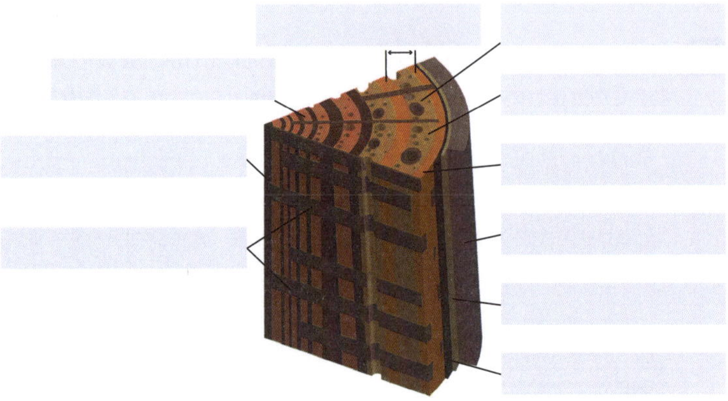

2 **Kreuzen Sie die vier richtigen Aussagen an.**

- ☐ 1. In den Zellwänden werden Zellulose und Lignin eingelagert.
- ☐ 2. Kernholz und Spätholz bilden zusammen einen Jahrring.
- ☐ 3. Lignin ist wichtig für die Festigkeit des Holzes.
- ☐ 4. Sind die Zellwände mit Wasser gesättigt, spricht man vom Fasersättigungspunkt.
- ☐ 5. Jede Holzart hat die gleiche Fähigkeit, Wasser zu binden.
- ☐ 6. Unterhalb des Fasersättigungspunkts erfolgt die Ausdehnungsänderung des Holzes.
- ☐ 7. Das Ausdehnungsbestreben des Holzes ist in jeder Richtung gleich.

3 **Erklären Sie die folgenden Begriffe.**

Lignin

Harzgallen

4 **Ein Holzwürfel mit einer Kantenlänge von 40 cm schwindet in Richtung der Markstrahlen um 5 %, in Richtung der Jahrringe um 10 % und in Faserrichtung um 0,3 %. Um wie viel mm ändert sich die Kantenlänge beim Tangentialschnitt?**

Die Kantenlänge schwindet beim Tangentialschnitt um ______ oder ______.

Name: Klasse: Datum:

Einfluss von Feuchtigkeit auf Holz

1 a) Betrachten Sie die Abbildungen und lesen Sie den folgenden Text.

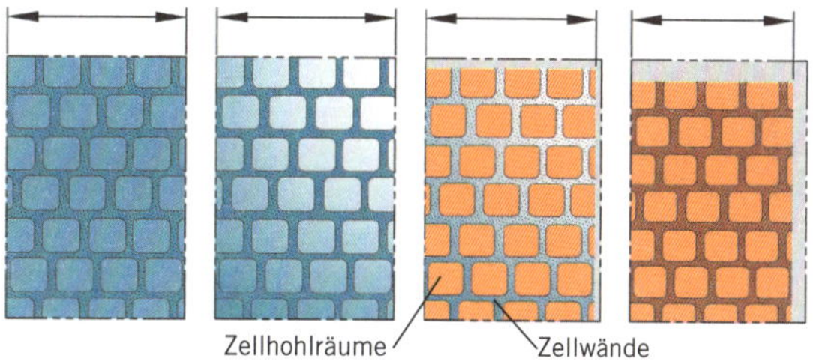

Bei einem lebenden Baum kann die Holzmasse kleiner als die Wassermasse sein. Nach dem Fällen beginnt der Trocknungsprozess. Zunächst entweicht das freie Wasser aus den Zellhohlräumen, dann entweicht das gebundene Wasser aus den Zellwänden. Bei lufttrockenem Holz liegt der Wassergehalt bei 15 bis 20 Prozent. Der Trocknungsprozess setzt sich so lange fort, bis die Luftfeuchtigkeit der Holzfeuchte entspricht. Ändert sich die umgebende Luftfeuchtigkeit, quillt oder schwindet das unbehandelte Holz. Holz nimmt Wasser aus der Luft auf oder gibt es an die Luft ab. Dies bezeichnet man als hygroskopische Eigenschaft des Holzes.

b) **Beantworten Sie die folgenden Fragen mithilfe des Textes.**

Wann beginnt der Trocknungsprozess?

Wie viel Prozent Wasser enthält luftgetrocknetes Holz?

Definieren Sie den Begriff „hygroskopisch".

2 **Erklären Sie die folgenden Begriffe.**

Holz arbeitet

Quellen

Schwinden

Name: Klasse: Datum:

Prüfung des Holzuntergrunds

1 Ergänzen Sie die Tabelle zu **Untergrundmängeln** bei Holz.

Untergrundprüfung			
Untergrund-mangel		Harzgalle (mit Harz gefüllte Hohlräume im Holz)	
Prüf-methode	Augenschein		
Beseitigung oder Maßnahmen	Durch Anstriche nicht zu beseitigen. Mit 2-K-Füllmasse oder elastischer Fugenmasse füllen.	Meist durch Anstriche nicht zu beseitigen. ______ mitteilen.	Holz trocknen lassen. Evtl. ein offenes Beschichtungssystem einsetzen; ggf. ______ der Feuchtigkeit beseitigen.

2 Wie führen Sie eine **Feuchtigkeitsmessung** durch?
Beschreiben Sie diesen Vorgang mit eigenen Worten.

3 Bei einem Holzbrett wurden gemessen: Nassmasse 0,450 kg, Darrmasse 350 g

a) Bestimmen Sie die Holzfeuchte.

Die Holzfeuchte des Holzbretts beträgt ______.

b) Darf das Holzbrett gestrichen werden? Ja ☐ Nein ☐

c) Begründen Sie Ihre Entscheidung aus Aufgabe b).

d) Welche Maßnahmen treffen Sie, bevor Sie das Holzbrett streichen?

Name: Klasse: Datum:

Holz – Kreuzworträtsel

Tragen Sie die Lösungen in das Kreuzworträtsel ein.

Hinweis: Verwenden Sie bei Umlauten die Schreibweise Ä, Ö, Ü.

a) Die Volumenveränderung von Holz bei Feuchtigkeitsaufnahme nennt man …
b) Holz ist ein … Rohstoff.
c) Aus welchem Erdteil kommen Oregon Pine und Redwood?
d) Wie werden Platten aus Holzlagen, Holzspänen oder Holzfasern genannt?
e) Oberbegriff für Fichte, Kiefer und Tanne.
f) Wie nennt man dünne Holzblätter, die durch Schälen vom Stamm abgetrennt wurden?
g) Dieses Holz stammt aus Asien und wird als Parkett eingesetzt.
h) Ein sehr hartes Laubholz aus Europa.
i) Frühholz und Spätholz bilden zusammen einen …
j) Dieser Schnitt durch einen Holzstamm zeigt die vollständigen Jahrringe.
k) MDF bedeutet …
l) Quellen und Schwinden des Holzes finden erst unterhalb der … statt.
m) Dieser Bestandteil des Holzes wird durch Sonneneinstrahlung abgebaut.
n) Holz hat die Eigenschaft, aus der Luftfeuchtigkeit Wasser anzuziehen. Es ist …
o) Diese Holzfehler können durch Spannungen im Holz entstehen.
p) Wie bezeichnet man das Wasser in den Zellhohlräumen?
q) Dieser Pilz verfärbt Nadelhölzer.
r) Durch den Ligninabbau verliert das Holz seine Festigkeit und seinen Farbton. Das Holz erhält einen anderen Farbton. Es …

Holzschutz

1 Erstellen Sie eine Mindmap, indem Sie die Begriffe im Kasten sinnvoll anordnen und ergänzen.

Bauliche, konstruktive Maßnahmen – Biozide – Brandschutz – Chemische Holzschutzmittel – Deckende Lackierungen – Dickschichtlasuren – Dünnschichtlasuren – Fungizide – Gefährdungsklassen beachten – High-Solid-Lasuren – Holzbeschichtungen – Insektizide – Kanten runden – Kein direkter Erdkontakt – Klarlack – Ölanstriche – Wachse – 12 % – 15 % – 18 % – 28 %

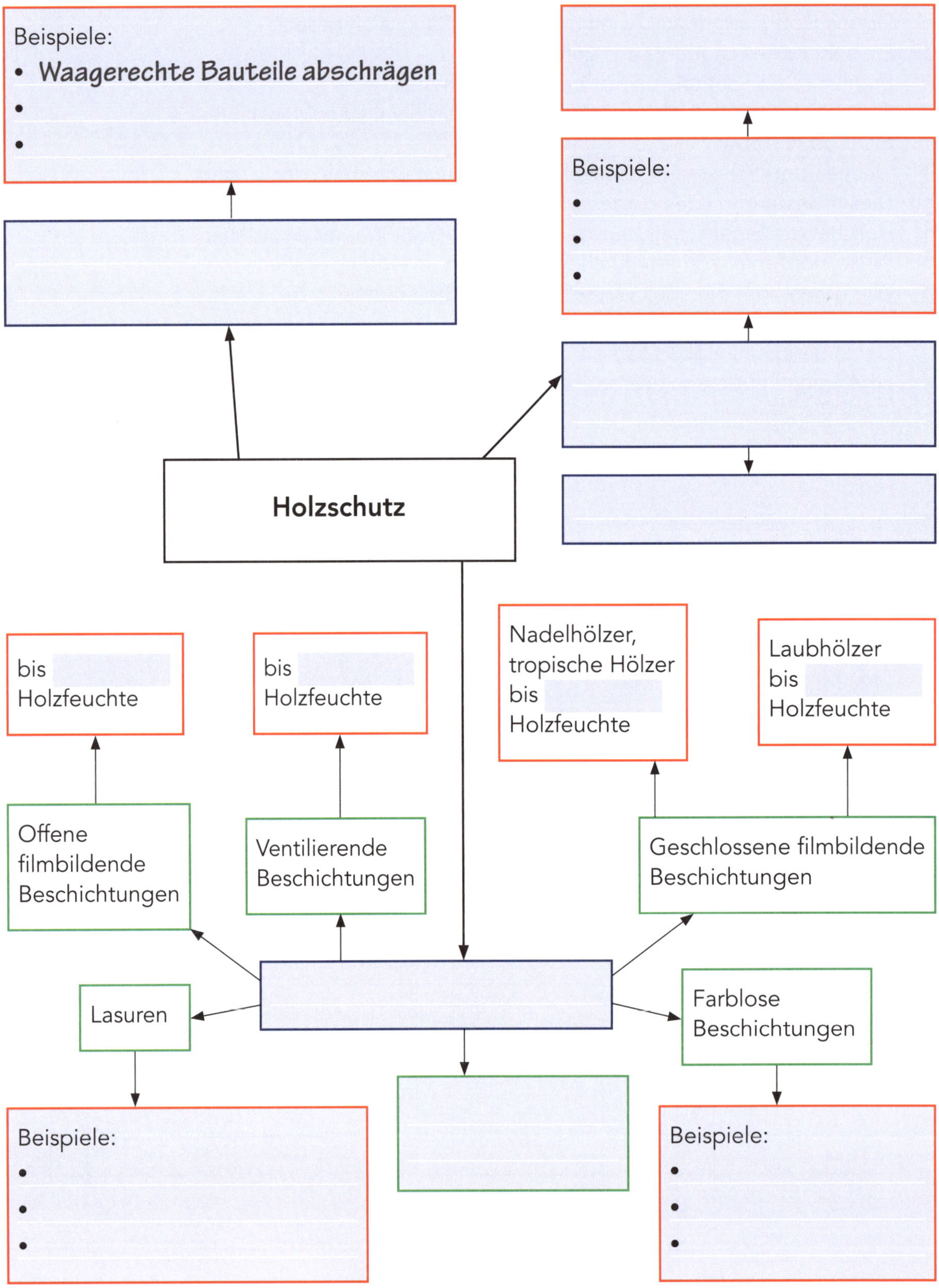

Name: Klasse: Datum:

Kunststoffe

1 Ergänzen Sie die folgende Tabelle.

Kunststoffgruppe	Eigenschaften	Beispiel	Kurzzeichen
Plastomere	•		ABS
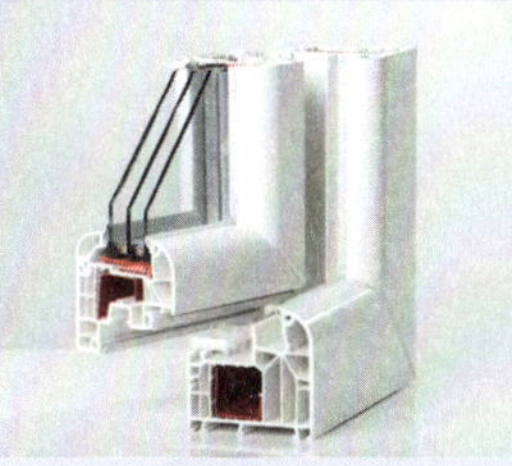	•		
	• recycelbar	Polycarbonat	
			PVC
	• hart		EP
	•		
	•		PS
			UP
Elastomere	•	Polyurethan	
	•		
		Silikon	
	• unlöslich		

2 Beschreiben Sie die beiden Prüfverfahren zur **Erkennung und Unterscheidung von Kunststoffen**, die Sie anwenden können.

•

•

3 Nennen Sie den Nutzen eines **Kunststoffprimers**.

Name: Klasse: Datum:

Bestandteile von Anstrichstoffen

1 Beantworten Sie die Fragen und suchen Sie die Lösungen in dem Wortsuchrätsel.

1. Welche Bestandteile geben dem Beschichtungsstoff die Farbe?

2. Die Additive nennt man auch …

3. Welcher Stoff löst das Bindemittel?

4. Additive verbessern bestimmte …

5. Wofür ist das Bindemittel zuständig? (2 Nennungen!)

6. Welcher Bestandteil nimmt den größten Teil im Beschichtungsstoff ein?

Q	E	R	T	Z	N	B	V	C	L	M	M	U	H
P	I	G	M	E	N	T	E	A	O	D	F	G	Z
D	G	F	G	H	J	K	U	E	E	I	S	H	U
S	E	H	E	R	F	A	H	S	S	T	G	H	S
U	N	O	D	E	I	H	D	A	E	M	I	L	A
P	S	S	A	N	T	A	T	U	M	I	T	T	M
P	C	H	B	T	D	F	U	S	I	U	L	M	M
A	H	Z	U	S	A	T	Z	S	T	O	F	F	E
S	A	H	E	Z	T	U	S	T	T	N	E	I	N
T	F	A	R	U	U	N	A	E	E	M	H	A	H
K	T	F	T	H	I	G	M	G	L	B	T	E	A
L	E	B	I	N	D	E	M	I	T	T	E	L	L
A	N	U	N	G	I	D	T	Z	U	E	G	A	T

Name: Klasse: Datum:

Physikalische Vorgänge

1 Beschriften Sie die folgende Grafik.

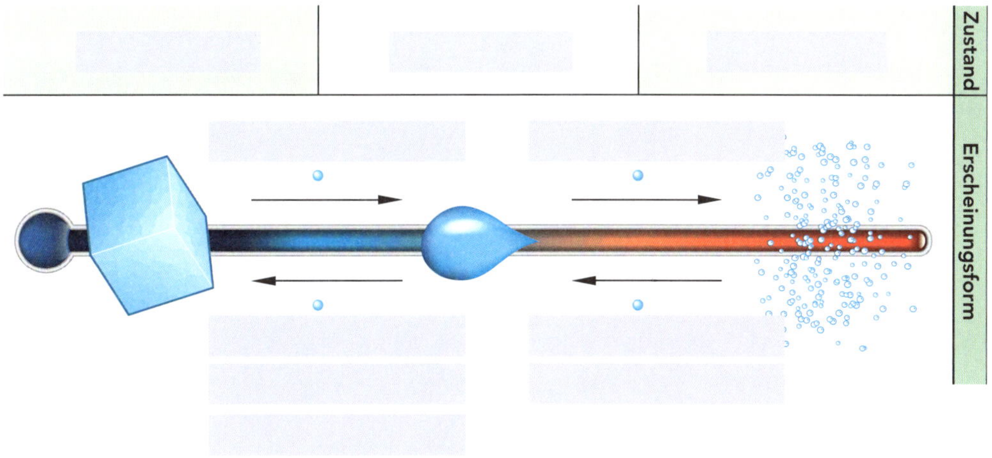

2 Welche fünf verschiedenen Eigenschaften in Bezug auf die **Festigkeit** der Stoffe unterscheidet man?
Hinweis: Schreiben Sie Umlaute Ä = AE, Ö = OE, Ü = UE

3 Zählen Sie die Vor- und Nachteile der **Porosität** auf.

Vorteile	Nachteile

Physikalische Vorgänge

4 Beschreiben Sie die **Kohäsions- und Adhäsionskräfte** anhand der folgenden Zeichnung.

Beschichtungsstoff

Untergrund

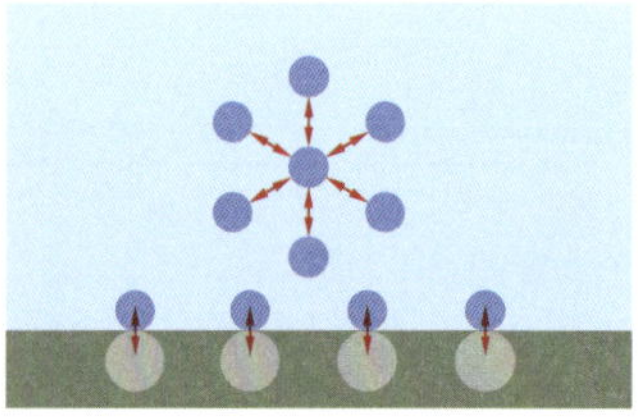

5 Erklären Sie den Vorgang der **Diffusion** anhand einer Wand.

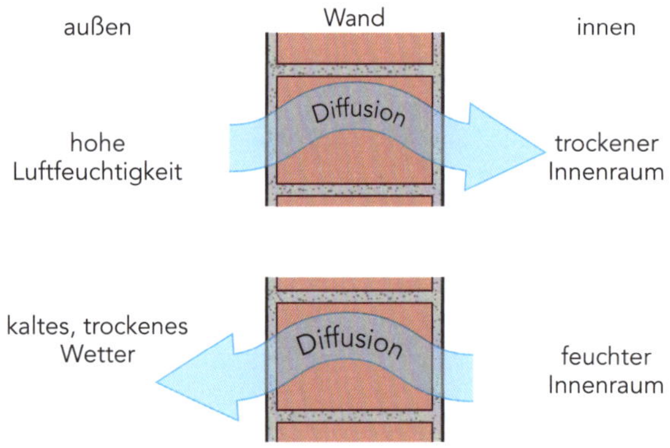

Name: Klasse: Datum:

Chemische Vorgänge

1 Beschriften Sie die folgende Zeichnung mit den Begriffen:

neutral, sauer, alkalisch, starke Säure, starke Lauge, pH 0, pH 7, pH 14

2 Wie können Sie den **pH-Wert** bestimmen?

a.
b.
c.

3 Beschreiben Sie die Messung des pH-Werts mit dem **Indikatorpapier**.

Schritt 1:

Schritt 2:

Schritt 3:

4 Warum ist die Bestimmung des pH-Werts im Malerhandwerk eine wichtige **Prüfmethode**?

Name: Klasse: Datum:

Untergrundprüfungen

1 Um welche **Prüfmethoden** handelt es sich bei den Abbildungen? Was können Sie als Ergebnis erkennen?

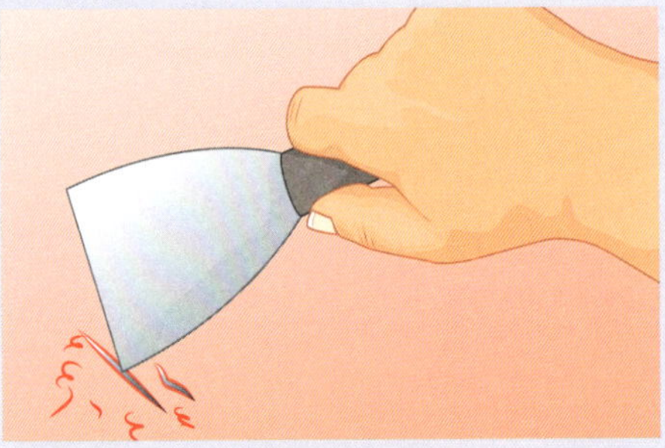

Prüfmethode:

Erkennen:

Prüfmethode:

Erkennen:

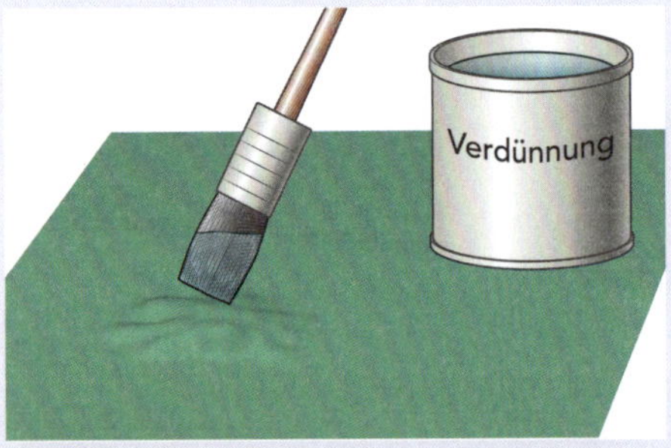

Prüfmethode:

Erkennen:

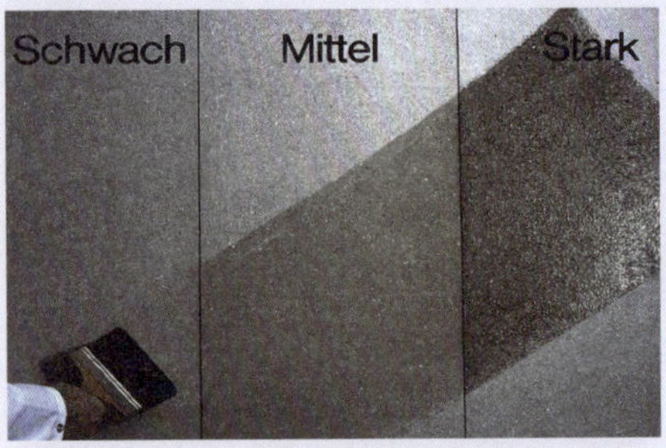

Prüfmethode:

Erkennen:

Prüfmethode:

Erkennen:

Name: Klasse: Datum:

Reinigen von Untergründen

1 Nennen Sie **drei Gründe**, warum Untergründe vor der Beschichtung gereinigt werden müssen.

-
-
-

2 Wonach entscheidet der Maler und Lackierer, welches **Reinigungsverfahren** auf der Baustelle eingesetzt werden soll?

3 Finden Sie in dem Wortsuchrätsel 7 Werkzeuge und Maschinen, die für die **Reinigung** eingesetzt werden.

Q	S	R	A	Z	N	B	W	C	L	M	M	U	H
P	T	G	B	E	N	T	I	A	O	D	F	G	Z
D	A	F	S	H	J	K	N	E	E	I	S	H	U
S	U	H	T	R	F	A	K	S	S	T	G	H	S
U	B	O	A	E	I	H	E	A	E	M	I	L	A
P	F	S	A	N	T	A	L	U	M	I	T	T	M
P	E	S	T	A	U	B	S	A	U	G	E	R	M
A	G	Z	L	S	P	A	C	H	T	E	L	F	E
S	E	H	F	Z	T	U	H	A	M	M	E	R	N
T	R	A	E	U	U	N	L	E	E	M	H	A	H
K	T	F	R	H	I	G	E	G	L	B	T	E	A
L	N	A	D	E	L	P	I	S	T	O	L	E	L
A	N	U	N	G	I	D	F	Z	U	E	G	A	T
D	R	A	H	T	B	U	E	R	S	T	E	R	T
U	R	T	E	E	L	A	R	E	A	L	I	N	E

4 Im Handel gibt es einen **Steinreiniger S** und einen **Steinreiniger A.** Wofür stehen das „A" und das „S"?

S- steht für

A- steht für

Name: Klasse: Datum:

Schleifen

1 Vervollständigen Sie den Lückentext. Setzen Sie folgende Wörter in die richtigen Lücken:

Schleifergebnis – härter – größer – Form – Korngröße – Körnung – flexible – Gewebe

Schleifmittel werden danach unterschieden, wie gut sie sich an die zu schleifende ______ anpassen können. Es gibt unflexible, ______ und pulverförmige Schleifmittel.
Das Schleifmittel muss immer ______ sein als der zu schleifende Untergrund. Neben der Härte ist auch die ______ für die Schleifwirkung entscheidend. Je ______ die Zahl auf dem Schleifpapier oder dem ______ ist, desto feiner ist die ______ und damit das ______.

2 Bringen Sie die **Stufen des Glättens** in die richtige Reihenfolge und ergänzen Sie die Korngrößen.

Reihenfolge	Stufe des Glättens	Korngrößen
	Feinschliff	
	Grobschliff	
	Entschichten	
	Polieren	
	Zwischenschliff	

3 Verbinden Sie die **Schleifmittel** mit der entsprechenden Beschreibung und Verwendung.

Schleifmittel	Beschreibung	Verwendung
Schleifpapier 	• bestehen aus Nylonfaservlies, in das die Schleifkörner eingearbeitet sind • sind wasser- und lösemittelbeständig • erhältlich als Rollen, Platten oder Scheiben	• können wie Schleifpapier eingesetzt werden • geeignet für Nassschliff
Schleifgewebe 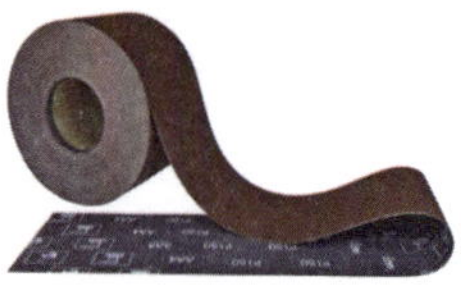	• die Schleifkörner sind mit Bindemittel auf einen Papierträger geklebt	• Trockenschliff von Holz, Metall, Spachtelmassen und Lacken • Nassschliff mit speziellem Papier von 2-K-Lacken, Alkydharzlacken und Spachtelmassen
Schleifvlies 	• die Schleifkörner sind mit Bindemittel auf einen Gewebeträger geklebt • erhältlich als Bögen, Rollenware oder Schleifscheiben	• Typ A: Mattschliff von Beschichtungen, Aufrauen von Aluminium • Typ S: Endschliff und Ausbessern von Lackierfehlern

Schleifen

4 Ergänzen Sie die Beschreibungen zu den **Schleifgeräten**.

Bezeichnung	Beschreibung
Handschleifgerät 	
Schwingschleifer/Rutscher 	
Deltaschleifer/ Dreieckschleifer 	
Exzenterschleifer 	
Rotationsschleifer 	
Winkelschleifer/ Trennschleifer/Flex 	

5 Was müssen Sie beim Schleifen für Ihren **Gesundheitsschutz** beachten?

Name: Klasse: Datum:

Grundieren und Spachteln

1 Beschreiben Sie die **Wirkungsweisen** von Grundierungen.

2 Welche **Grundierungen** kommen bei den folgenden Untergründen zum Einsatz? Ergänzen Sie.

Bei Putz im Außenbereich verwendet man häufig ________________.

Bei Putz im Innenbereich verwendet man ________________.

Soll der Putz wasserabweisend sein, dann verwendet man ________________.

Vor einem Silikatfarbenanstrich wird der Untergrund mit ________________ behandelt.

Auf nicht saugenden Untergründen setzt man ________________ ein.

3 Ordnen Sie die Begriffe mit Pfeilen richtig zu.

auf Gipsbasis

pH-neutral

gute Haftung auf vielen Untergründen

Pulverspachtelmasse

Fertigspachtelmasse

reißt leicht

auf Zementbasis

feuchtigkeits-unempfindlich

stoß- und kratzfest

auf Kunstharzbasis

Holzspachtelmasse

verfärbt sich nicht

feuchtigkeits-empfindlich

speziell für Holz und Holzwerkstoffe

Name: Klasse: Datum:

Applikationswerkzeuge

1 Informieren Sie sich in dem mittels QR-Code aufrufbaren Text darüber wie **Naturborsten** bzw. **Kunststoffborsten** aussehen. Beschriften Sie die Abbildungen.

Natur_und_Kunststoffborsten

Naturborsten

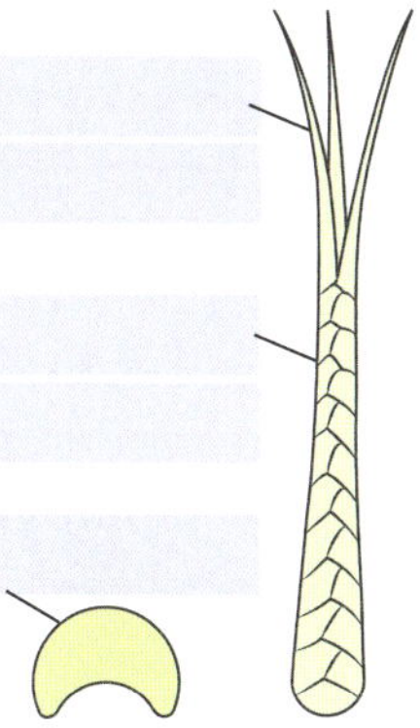

Kunststoffborsten

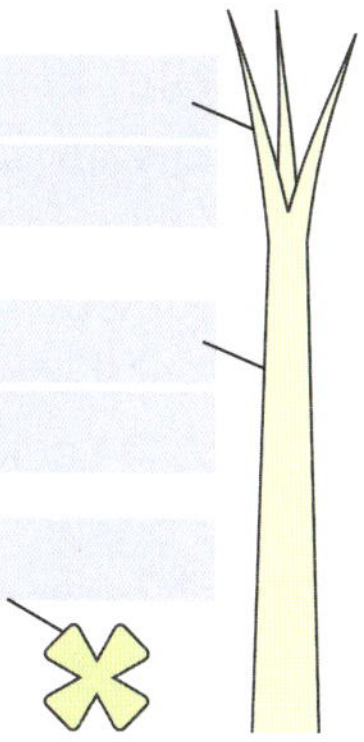

2 Beschriften Sie den Querschnitt eines **Pinselaufbaus**.

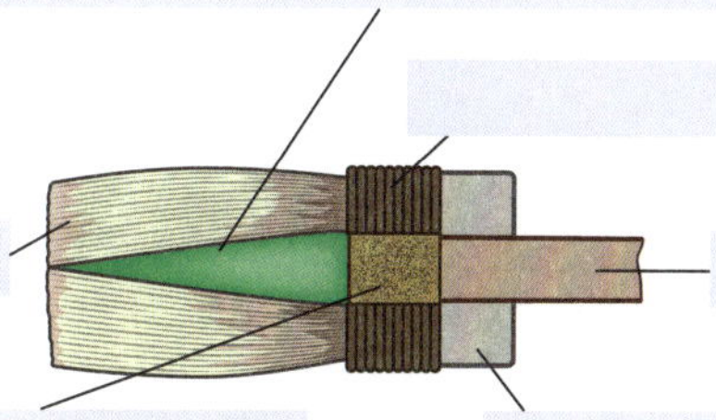

3 Wie heißen die unten abgebildeten **Pinsel** und für welche Arbeiten werden sie verwendet? Ergänzen Sie die **Bezeichnungen** und die **Verwendungsmöglichkeiten**.

	Bezeichnung	Verwendungsmöglichkeiten
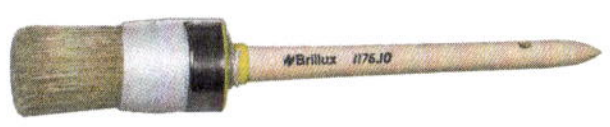		

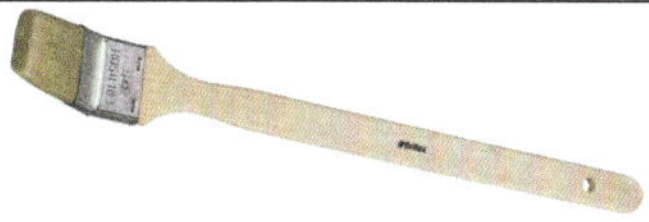		

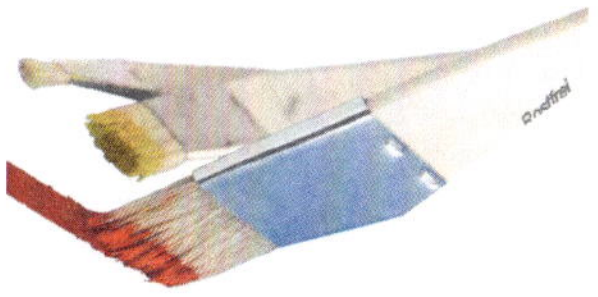		

Name: Klasse: Datum:

Applikationswerkzeuge

4 Mit welchem **Reinigungsmittel** reinigen Sie Ihre Pinsel oder Bürsten, wenn sie mit folgenden Beschichtungsstoffen verwendet wurden?
Verbinden Sie den Beschichtungsstoff und das richtige Reinigungsmittel mit einer Linie.

Beschichtungsstoff
Nitrolacke
Dispersionsfarben
Silikatfarben
Kleister
Kalkfarben
2-K-Lacke
Polymerisatharzlacke
Ölfarben
Alkydharzlacke

Reinigungsmittel
Wasser/warmes Seifenwasser
Testbenzin/Kunstharzverdünnung
Wasser/warmes Seifenwasser
Terpentin(ersatz)
Wasser/warmes Seifenwasser
Nitroverdünnung
Wasser/warmes Seifenwasser
Universalverdünner/Nitroverdünner
Spezialverdünnung

5 Beschreiben Sie die **Pflege** und **Lagerung** Ihrer Pinsel und Bürsten nach der Reinigung.

•

•

•

6 Im Malerhandwerk werden auch **Bürsten** eingesetzt. Beschreiben Sie den Unterschied zu den Pinseln. Wann werden sie eingesetzt?

Name: Klasse: Datum:

Rollen und Walzen

1 Schneiden Sie die neun Abbildungen der Walzen und Rollen auf Seite 113 mit ihrer Bezeichnung aus.
Ordnen Sie sie den Beschreibungen in der Tabelle auf der folgenden Seite zu.
Kleben Sie die Abbildungen auf, wenn Sie sie richtig zugeordnet haben.

2 Erklären Sie folgende Grundbegriffe zum Thema Rollen und Walzen, die Ihnen inzwischen bestens bekannt sein sollten, mit Ihren eigenen Worten.

Dispersion:

ansatzfrei:

PU (Schreiben Sie den Namen des Kunststoffs aus und geben Sie eine Verwendung im Malerbereich an):

hochviskos:

niedrigviskos:

Flor:

3 Wählen Sie Walzen mit der richtigen **Florlänge** für folgende Arbeiten aus:

Das Oberflächenbild soll sehr fein sein:

Sie verwenden einen zähflüssigen Beschichtungsstoff:

Sie wollen eine sehr große Fläche beschichten:

Name: | Klasse: | Datum:

Rollen und Walzen

Walze/Rolle	Kennzeichen	Anwendung	Beschichtungsstoffe
	– Naturprodukt (pflegeintensiv, neigt zum Verfilzen) – gleichmäßige Struktur – sehr gute Farbaufnahme/-abgabe	– große Flächen – Innen und Außenbeschichtungen – rauer/unebener Untergrund ungepolstert: – glatter Untergrund	– Dispersionsfarben – Latexfarben Vorsicht: nicht für alkalische oder lösemittelhaltige Farben
	– feinporiger Polyesterschaum – bügelseitig rund (aber auch doppelseitig rund erhältlich)	ansatzfreier und strukturfreier Auftrag	– lösemittelbasierte Lacke – wasserbasierte Lacke
	– Polyamidfaser – sehr gute Farbaufnahme/-abgabe – lösemittelbeständig – leicht zu reinigen	– kleine, schwer zugängliche Flächen – zum Beschneiden – raue und unebene Untergründe	Dispersionsfarbe
	– Polyesterfaser – sehr gute(s) Farbaufnahme/ -haltevermögen – lösemittelbeständig	strukturfreier Auftrag	wasserbasierte PU-Lacke
	– Wollplüsch oder gesponnene Lammwolle – lösemittelbeständig	glatte und ebene Untergründe	– Lackierungen – Versiegelungen – hochviskose Beschichtungen
	– Polyamidfaser – sehr gute Farbaufnahme/-abgabe – lösemittelbeständig	gepolstert: – große Flächen – Innen- und Außenbeschichtung – sehr raue Untergründe ungepolstert: wie oben, aber glatte Untergründe	– Dispersionsfarben – alkalische Farben – Silikonharzfarben – lösemittelhaltige Farben
	– hochverdichteter Acrylwebplüsch – sehr gute Farbaufnahme/-abgabe	strukturfreier Auftrag	wasserbasierte Acryllacke
	– Polyester-Endlosfaser – sehr hohe Faserdichte – flusenfrei – sehr gut saugfähig/ tropffrei – sehr hohe Kapillarwirkung	– glatte, ebene Untergründe – gut für Grundierungen und für Überkopfarbeiten geeignet	– niedrigviskose Bechichtungsstoffe – Dispersionen
	– Polyamid-Endlosgarn (Kurzflor) – sehr gute Farbaufnahme/-abgabe – lösemittelbeständig – leicht zu reinigen	glatte bis leicht strukturierte Untergründe	– Korrosionsbeschichtungen – Dickbeschichtungen

Name: Klasse: Datum:

Rollen und Walzen

4 Kreuzen Sie mithilfe der Tabelle im QR-Code die richtigen Antworten an.

Übersicht

- ☐ Alle Walzen und Rollen können für den Innen- und Außenbereich eingesetzt werden.
- ☐ Je kürzer die Florlänge, desto feiner ist die Beschichtungsstruktur.
- ☐ Langflorwalzen und -rollen eignen sich besonders gut für raue, strukturierte Untergründe und große Flächen.
- ☐ Alle Walzen sind für die Beschichtung mit alkalischen und lösemittelhaltigen Farben geeignet.
- ☐ Kurzflorwalzen/-rollen eignen sich besonders gut für hochviskose Beschichtungsstoffe.

5 Wie reinigen Sie Walzen/Rollen

a. nach dem Auftragen wasserbasierter Beschichtungen?

b. nach dem Auftragen lösungsmittelhaltiger Beschichtungen?

Name: Klasse: Datum:

Technische Merkblätter lesen

Rufen Sie mit dem QR-Code das **technische Merkblatt** einer Dispersionsfarbe für den Innenbereich auf.

HT Wandfarbe

1 Erstellen Sie ein Mindmap aus diesem technischen Merkblatt, um sich einen Überblick über das Produkt zu verschaffen. Führen Sie hierbei nur die Punkte auf, die für Sie bei der Verarbeitung des Materials wichtig sind.

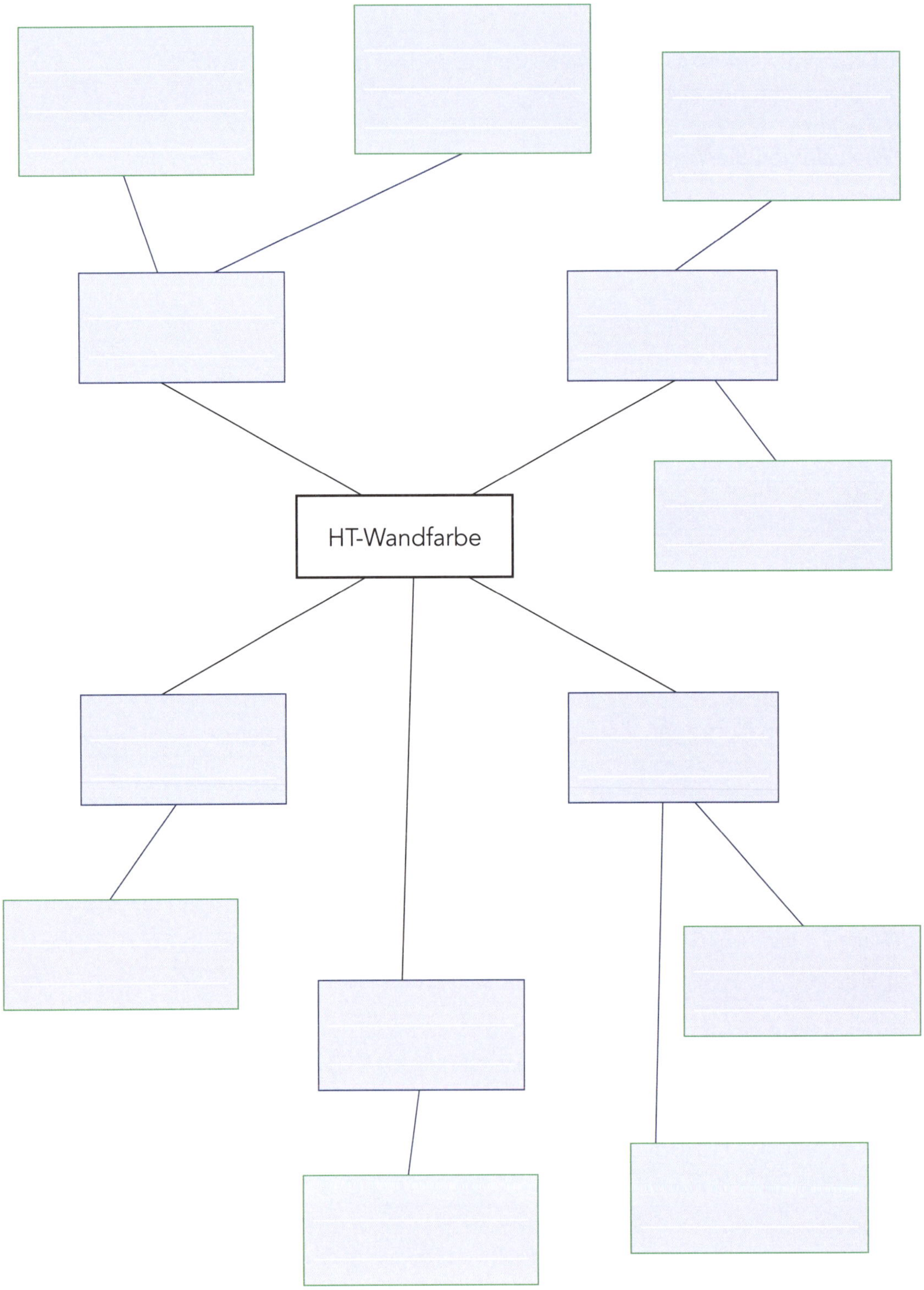

Name: Klasse: Datum:

Technische Merkblätter lesen

Korrosionsschutz

2 Berechnen Sie den durchschnittlichen Verbrauch für eine Beschichtung des Durchgangs im Haus mit den Maßen 2,50 m x 1,80 m. (Beachten Sie, dass der Durchgang 2 Wände hat.)

Flächenberechnung:

Durchschnittlicher Verbrauch:

Verbrauch für die Wandfläche:

3 Sie benötigen 1500 ml Wandfarbe für den Durchgang. Wie viel Wasser dürfen Sie bei der Menge maximal zugeben?

: 100 [1500 ml => 100 %] : 100
=> 1 %
[=> 8 %]

4 Welche Angaben finden Sie im technischen Merkblatt zu den Werkzeugen?

5 Welche Information finden Sie zur Verarbeitungstemperatur?

Name: Klasse: Datum:

Technische Zeichnungen lesen

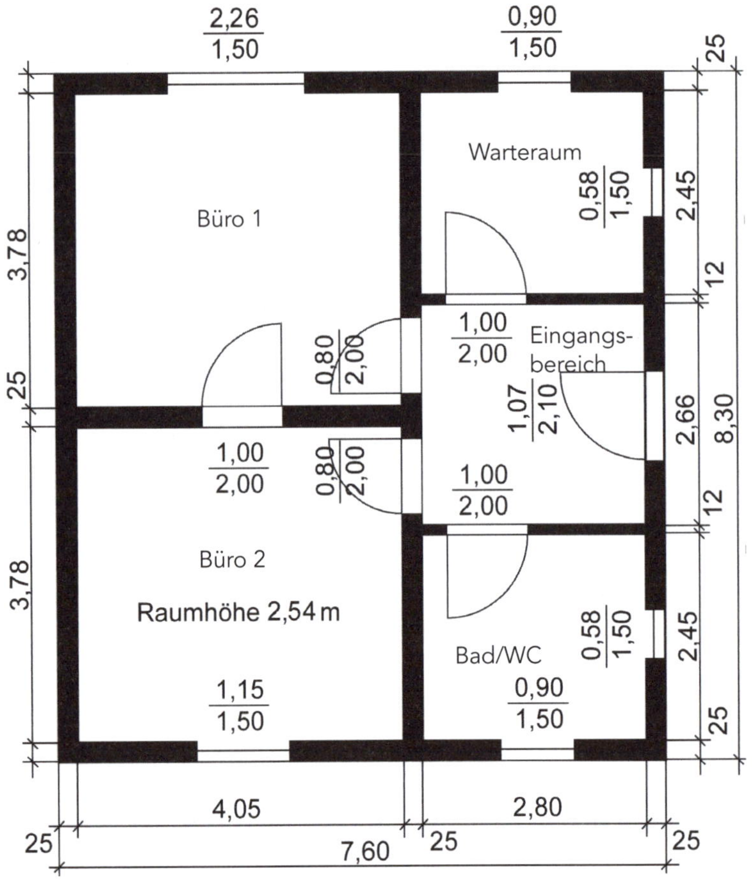

1 Beantworten Sie folgende Fragen mithilfe des **Grundrisses** des Versicherungsbüros Amisia:

a) Wie viele Fenster sind im oben dargestellten Grundriss zu finden?

b) Wie hoch sind die einzelnen Räume?

c) Wie dick sind die Außenmauern?

d) In welchem Raum ist das breiteste Fenster?

e) Wie breit ist die Eingangstür?

f) Nennen Sie die Außenmaße des Grundrisses.

g) Wie dick ist die Mauer zwischen Warteraum und Flur?

h) Wie viele Türen sind 2,00 m hoch?

i) Welches Innenmaß hat das Bad?

j) Welcher Raum hat eine Länge von 2,66 m?

k) In welchen Räumen befinden sich die schmalsten Fenster und wie breit sind diese?

l) Welche Innenmaße haben die Büros?

m) Wie hoch ist die Eingangstür?

n) Welche Höhe haben alle Fenster?

Name: | Klasse: | Datum:

Eigenschaften von Metallen

1 Tragen Sie die Lösungen in das Kreuzworträtsel ein.

Hinweis: Verwenden Sie bei Umlauten die Schreibweise Ä, Ö, Ü.

a) Hochwertiger, teurer Stahl
b) Gemisch aus mindestens zwei Metallen
c) Abbaureaktion eines Metalls
d) Umgangssprachlich: oxidiertes Eisen
e) Erster Schritt bei der Bearbeitung von Eisen
f) Folge des Rostens, die zum Abplatzen des Anstrichs führt
g) Wässriges Korrosionsmedium
h) Hinweisbuchstabe G bei der Stahlverwendung
i) Erstes Produkt bei der Stahlherstellung
j) Schützenswerte Eigenschaft von Stahlträgern
k) Optische Eigenschaft von Metallen
l) Ein Eisenmetall
m) Ein Nichteisenmetall
n) Mechanische Eigenschaft von Metallen
o) Physikalische Eigenschaft von Metallen

2 Zählen Sie drei wichtige **Eigenschaften** von Metallen auf, die für Metalle spezifisch sind.

-
-
-

Chemische Grundlagen

1 Notieren Sie die für den Maler wichtigen Elemente und deren Abkürzung im Periodensystem.

Eisenmetalle (E-Metalle):

Nichteisenmetalle (NE-Metalle):

Nichtmetallische Elemente (SCHON):

2 Maler und Lackierer arbeiten oft mit säure- oder laugehaltigen Verbindungen.
Ergänzen Sie den Lückentext mit den Begriffen im Kasten und mithilfe der Informationen, die Sie im QR-Code finden.

Verbindungen

geeignete Behälter – Salze – alkalischen – Abbeizer – Indikatorpapier – Schutzbrille – Alkydharzlacke – neutralisieren – pH-Test – Bindemittel – Rostumwandler – blau – Handschuhe – Kalk- und Silikatfarben – Bauschäden

Mit einer Säure kann man einen ______ Untergrund ______ und mit einer Lauge einen sauren Untergrund. In Beschichtungen kommen vor allem organische Säuren zum Einsatz: ______ enthalten Fettsäuren, ______ werden mit Oxalsäure neutralisiert und ______ enthalten Gerbsäuren.

Säuren führen zu ______ auf mineralischen und metallischen Untergründen.

______ sind laugenhaltig. Außerdem werden Laugen als ______ in Putz, Mörtel und Beton verwendet. Ölhaltige Beschichtungen können mit Ablaugern entfernt werden. Möchte man Holz dunkel beizen, kommen ebenfalls Laugen zum Einsatz.

Bei der Entstehung von Laugen entstehen auch ______, die wiederum Wasser anziehen und somit korrosionsfördernd sind.

Beim Arbeiten mit Säuren und Laugen muss immer eine ______ und ______ getragen werden, denn sie sind teilweise sehr giftig und entwickeln gefährliche Dämpfe. Sie dürfen nur in ______ abgefüllt werden. Um sicherzugehen, was man verarbeitet oder vor sich hat, sollte ein ______ durchgeführt werden. Bei Säuren verfärbt sich das ______ rot, bei Laugen ______.

Name: Klasse: Datum:

Chemische Grundlagen

3 Lösen Sie das Kreuzworträtsel.

1. Eine chemische Eigenschaft von Metallen ist …
2. Ölige Bindemittel trocknen durch …
3. Verfahren, um alkalische Untergründe zu neutralisieren.
4. Metall besteht u. a. aus einer Stoffart und ist ein …
5. Im Periodensystem findet man eine Übersicht der …
6. 87 Elemente im Periodensystem gehören zu den …
7. Die kleinste nicht mehr teilbare Einheit eines Elements heißt …
8. Außer Protonen und Neutronen gibt es noch …
9. Wie sind Protonen geladen?
10. Eine Verbindung, die aus mindestens zwei Nichtmetallatomen besteht.
11. Im festen Zustand bilden Metalle ein …
12. Kohlenstofffreie Elemente und Verbindungen gehören zur … Chemie.
13. Fachbegriff für die Verbindung von Atomen und Molekülen.
14. Fachbegriff für jede chemische Reaktion mit einer Elektronenaufnahme.
15. Additiv, welches den Trocknungsprozess von Beschichtungen beschleunigt.

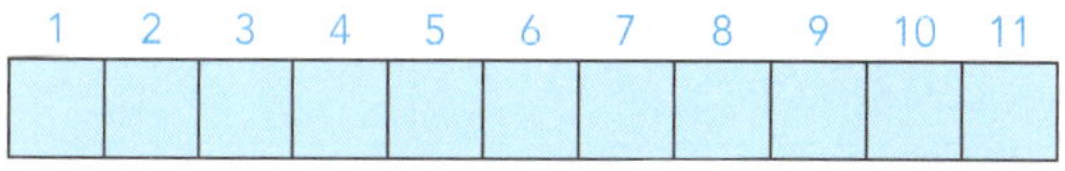

4 Wo wird das Pigment überwiegend eingesetzt, das das Lösungswort im Rätsel ergibt?

Name: Klasse: Datum:

Einteilung metallischer Werkstoffe

1 Beantworten Sie die folgenden Fragen.
Suchen Sie dann die Begriffe im Wortsuchrätsel.
Die Begriffe können dort von oben nach unten, von unten nach oben, von links nach rechts oder von rechts nach links und auch diagonal stehen.

1. Wie werden Metalle allgemein gewonnen?
2. Wie bezeichnet man das metallische Materialgemenge?
3. Wie nennt man die Reaktion mit Sauerstoff?
4. Wie bezeichnet man den technischen Prozess zur Herstellung von Eisen?
5. Welche Eigenschaft hat Roheisen?
6. Wie nennt man Eisenwerkstoffe mit einem Kohlenstoffgehalt unter 1,7 %?
7. Welche Eigenschaft zeichnet Stahl trotz seiner Härte aus?
8. Wie nennt man das Ergebnis der negativen Eigenschaft des Eisens bzw. Stahls?

H	Q	E	H	R	T	Z	N	G	F	D	U	Z	A	G
J	O	D	E	C	A	E	Ö	F	D	S	E	C	B	S
A	D	C	E	G	S	E	T	L	H	A	T	S	L	S
O	H	O	H	W	D	I	A	H	O	C	E	T	K	E
X	H	A	V	O	F	Ö	T	T	E	Z	Z	T	E	Z
I	T	E	R	C	F	A	Ö	S	E	T	R	W	I	O
D	S	N	R	T	Ö	E	N	M	A	N	E	Z	Ö	R
A	U	T	O	F	R	Y	N	P	Ö	L	B	Ö	K	P
T	U	S	T	Ö	S	A	T	P	V	Q	E	H	N	Z
I	D	O	X	P	R	H	T	M	R	B	O	E	T	L
O	Q	E	R	D	H	B	E	T	I	O	A	G	R	E
N	Ö	Ö	Ä	E	B	Ü	D	T	I	S	Z	F	S	M
Ä	D	T	A	Ü	G	T	W	S	B	T	Ü	E	F	H
E	A	T	R	O	R	O	S	T	A	U	T	D	S	C
W	E	R	F	H	A	L	Ä	T	E	R	T	S	A	S

Name: Klasse: Datum:

Prüfung metallischer Untergründe

Untergrundprüfung

1 Ordnen Sie die folgenden **Prüfmethoden** den zu prüfenden Untergrundzuständen zu. Achtung: Eine Prüfmethode kann mehrmals genannt werden!

Anfassen – Gitterschnitt – Klebebandtest – Kratzprobe – Sichtprüfung

Verschmutzung	**Rost**	**Haftung des Altanstrichs**	**Bearbeitbarkeit des Altanstrichs**

2 Warum ist die **Sichtprüfung** eine so wichtige Prüfung für einen Maler und Lackierer?

3 Was beschreiben Rostgrade?

4 Wie bestimmen Sie mit der Sichtprüfung die Rostgrade an einem unbeschichteten Stahlelement?

5 Verbinden Sie die **Korrosionsarten** mit dem entsprechenden Erscheinungsbild (Beschreibung und Bild).
Verwenden Sie für jede Korrosionsart eine andere Farbe.

Korrosionsart	**Beschreibung**	**Bild**
Mulden-korrosion	Bei aneinandergrenzenden Bauteilen	
Fremdrost	Ungleichmäßige Benetzung mit Elektrolyt oder ungleiche Metall-zusammensetzung	
Spaltkorrosion	Rostablagerung von fremden Flächen	

Name: Klasse: Datum:

Untergrundprüfungen Metall

Untergrundprüfung

5 Schneiden Sie die Quadrate auf Seite 115 aus.
Sortieren Sie diese zu Quartetten, die jeweils eine **Prüfmethode** darstellen.
Kleben Sie das richtige Ergebnis im Anschluss auf diese Seite.

Name: Klasse: Datum:

Korrosion

1 Erklären Sie die folgenden Begriffe:

Elektrochemische Korrosion:

Chemische Korrosion:

2 Warum ist die Kenntnis über **Rost** bzw. das Erkennen von Rost für einen Maler und Lackierer so wichtig?

Auswirkung von Rost:

Abhilfe:

3 Kann man schon in der Konstruktionsphase **Korrosionsschutz** ausüben? Begründen Sie Ihre Antwort.

Name: | Klasse: | Datum:

Korrosion

4 Warum ist es wichtig für Sie, die **elektrochemische Spannungsreihe** zu kennen?

5 Tragen Sie die richtigen Metalle in die Abbildung der elektrochemischen Spannungsreihe ein.
Kennzeichnen Sie die edleren Metalle gelb und die unedleren Metalle rot.

Elektrochemische Spannungsreihe

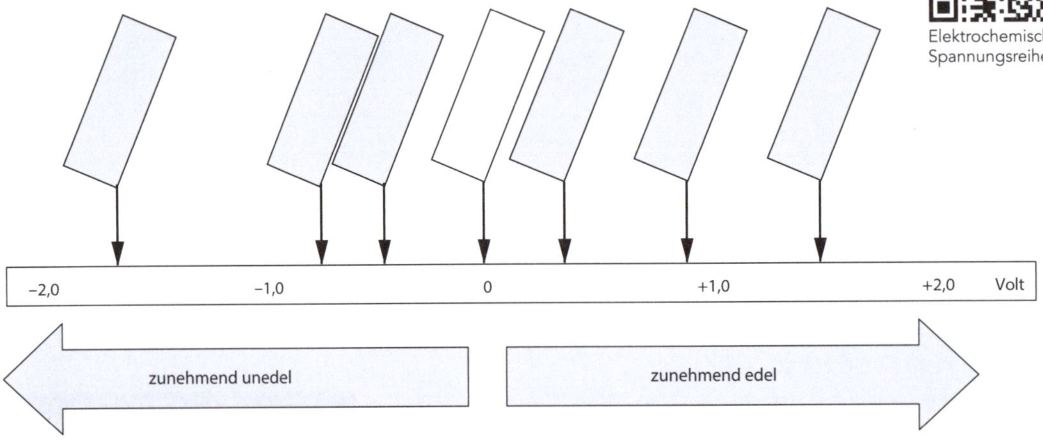

6 Verbinden Sie die **Korrosionsart** mit der entsprechenden Ursache sowie mit der Vermeidung bzw. Beseitigung.
Verwenden Sie unterschiedliche Farben.

Korrosionsart	Ursache	Vermeidung/Beseitigung
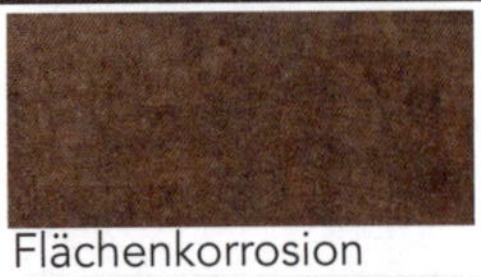 Flächenkorrosion	Elektrolyt kann in Zwischenräumen nicht abtrocknen	Rostumwandler auftragen vor der Beschichtung; Abschleifen
 Flugrost	Witterungsbedingt, Rostpartikel werden durch den Wind transportiert	Richtige Metallwahl, 2- bis 3-fache Beschichtung
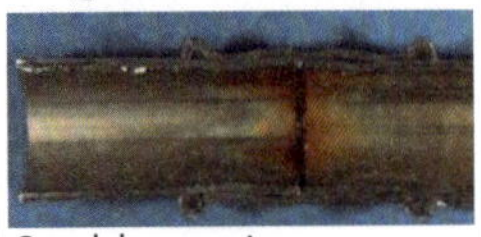 Spaltkorrosion	Zwei Metalle bilden ein galvanisches Element aus	Ganzflächig mechanisch beseitigen, 3-fache Beschichtung
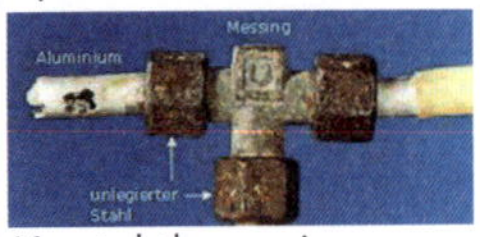 Kontaktkorrosion	Witterungsbedingt	Bei der Konstruktion Zwischenräume vermeiden

7 Erklären Sie den Begriff **Zunder**.

Name: Klasse: Datum:

Reinigen und Entrosten metallischer Untergründe

1 Welche **Reinigungsverfahren** bieten sich für metallische Untergründe an?

-
-
-
-
-

2 Ordnen Sie die folgenden Begriffe den **Reinigungs- und Entrostungsverfahren** zu. Tragen Sie dafür die Begriffe in die richtigen Felder ein.

Ammoniaklösung – Beizen – chemische Entrostung – Drahtbürste – Flammstrahlbrenner – gründliche Nachspülung – gründliche Nachtrocknung – Heißdampf – Industriesauger – maschinelle Nachbehandlung – mechanische Entrostung – Nadelpistole – phosphathaltige Substanzen – Rostumwandler – saugfähiges Vlies – Schaber – Schleifmittel – Silikonentferner – Spülmittel – Staubbesen – Strahlmittel und Druckwasser – thermische Entrostung – Topfdrahtbürste – Winkelschleifmaschine

Entstauben	Entfetten
Schleifen	Netzmittelwäsche
Entrostungsverfahren	

Name: Klasse: Datum:

Entrosten als Untergrundvorbereitung

1 Ergänzen Sie die unten stehende Tabelle.

Entrostungsverfahren		Werkzeuge, Werkstoffe
mechanisch	manuell	• • •
	maschinell	• • •
	Strahlen	• •
thermisch	Flammstrahlen	
chemisch	Beizen	

2 Welche **persönliche Schutzausrüstung** empfehlen Sie für die Entschichtungsverfahren?

PSA

Mechanische Verfahren:

Thermische Verfahren:

Chemische Verfahren:

3 Welche Art **Strahlmittel** können zum Einsatz kommen?

Name: Klasse: Datum:

Korrosionsschutz

1 Erklären Sie den Unterschied zwischen aktivem und passivem Korrosionsschutz.

Aktiver Korrosionsschutz

Passiver Korrosionsschutz

2 Ergänzen Sie den Text mithilfe des QR-Codes und den Wörtern aus dem Kasten.

Qualität – Konstruktion – Korrosionsschutzmaßnahmen – witterungstechnischen – physikalische

Spritzverfahren

Nicht nur die passende Beschichtung spielt bei der Auswahl von ______ bei Stahlbauteilen eine Rolle, sondern auch andere Faktoren, wie zum Beispiel die ______ des Bauwerks, Material/Werkstoff der einzelnen Bauteile, der chemisch-______ Zustand der Bauteilflächen, die zu erwartende ______ Korrosionsbelastung, und auch die ______ mit der die Bauteilflächen vorbereitet sind, sind zu berücksichtigen. Nicht zuletzt ist die Situation während der Beschichtungsvorgänge einzubeziehen.

3 Erklären Sie den Begriff **Phosphatierung**.

4 Nennen Sie weitere **Metallüberzüge**.

-
-

5 Wie wird die **Schutzdauer für Beschichtungen** nach DIN EN ISO 12944-1 definiert?

Name: Klasse: Datum:

Lackieren von metallischen Untergründen

1 Welche Aufgaben kommen den **Schichten** einer handwerklich aufgetragenen Lackierung zu?

Grundierung:
-
-

Zwischenlack/Füller:
-
-
-

Decklack:
-
-

2 Beschreiben Sie die **Einschicht-**, **Zweischicht-** und **Dreischichtlackierung**. Nennen Sie Verwendungsmöglichkeiten.

Einschichtlackierung:

Verwendung:

Zweischichtlackierung:

Verwendung:

Dreischichtlackierung:

Verwendung:

3 Ordnen Sie den unterschiedlichen **Lackarten** die Verwendungsmöglichkeiten zu.

Lackart
Alkydharzlack
Acryllack
Polyurethanlack
Epoxidharzlack

Verwendung als
Heizkörperlack
Fahrzeuglackierung
Korrosionsschutzgrundierung
Einbrennlack
Klarlack
Baulack

Name: Klasse: Datum:

Heizkörperbeschichtung und Thixotropie

Schauen Sie sich das **technische Merkblatt** auf der nächsten Seite und den QR-Code an und beantworten Sie die folgenden Fragen.

Heizkörper-beschichtungen

1 Was regelt die DIN 55 900 bei neuen Heizkörpern?

2 Auf welcher Bindemittelbasis basiert ein Heizkörper-Flutlack?

3 a) Welche Verarbeitungshinweise werden für die Flut-Viskosität angegeben?

b) Beschreiben Sie, wie die Flut-Viskosität gemessen wird.

4 Berechnen Sie, wie viel m^2 mit einem Gebinde Heizkörper-Flutlack beschichtet werden können. Gehen Sie vom Mittelwert der Ergiebigkeit aus.

5 a) Erklären Sie den Begriff Thixotropie.

b) Welche Vorteile haben thixotrop eingestellte Beschichtungsstoffe?

Name: Klasse: Datum:

Heizkörperbeschichtung und Thixotropie

Technisches Merkblatt

Heizkörper-Flutlack

Einschichtlack zum Fluten und Spritzen und Tauchen

I. Werkstoff

Ein gut deckender und thixotrop eingestellter Einschichtlack zum Fluten, Spritzen, Tauchen und Airless-Spritzen von Warmwasser- und Dampfheizungen. Gilbungsbeständig bis 80 °C, temperatur- und hitzefest bis 170 °C.

Art des Werkstoffs	hitzebeständiger Weißlack
Verwendungszweck	Beschichtung von Warmwasser- und Dampfheizungen, hitzebeständig bis 170 °C
Farbton	Weiß
Glanzgrad	hochglänzend
Spezifisches Gewicht	1,30 = 1.300 g/l
Bindemittelbasis	Spezial-Alkydharz
Pigmentbasis	Titandioxid rein
Lieferviskosität	82 Sek./DIN 4 (20 °C)
Temperaturbeständig	bis 170 °C
Gebindegrößen	2,5 l

II. Eigenschaften und Verarbeitungshinweise

Haftung/Elasitizität/Schlagfestigkeit	erfüllt die Forderungen der DIN-Normen und die VOB-Bedingungen
Deckkraft/Kantenabdeckung	sehr gut
Verträglichkeit	nicht mit anderen Produkten mischen
Verdünnung	Lackverdünnung-Terpentinersatz
Verarbeitungstemperatur	20 °C ± 2 °C
Flut-Viskosität	60 Sek. im 4-mm-DIN-Becher (20 °C)
Lagerfähigkeit	unbegrenzt im geschlossenen Gebinde
Airless Spritzen	für Kolben- und Membrangeräte geeignet
Ergiebigkeit	13 – 15 m²/l
Verarbeitungsgeräte	handelsübliche Lack-Flutgeräte bzw. Spritzgeräte
Trockenzeiten (20 °C, 65 – 75 % rel. Luftfeuchte, 80 µm Nassschichtdicke)	staubtrocken nach ca. 30 Min. grifffest nach ca. 7 Std.
Werkzeugreinigung	mit Lackverdünnung-Terpentinersatz

III. Anstrichaufbau bzw. Anstrichtechnik

Fluten	Neue Heizkörper, die nach DIN 55 900 grundiert wurden, von Verschmutzungen reinigen und notfalls einfetten. Anschlüsse und Gewinde am Heizkörper mit geeignetem Klebeband oder Kunststoff-Stopfen abdecken. Rostige Stellen anschleifen und mit einem Primer grundieren. Danach wie folgt fluten: 1) Von oben über die ganze Heizkörperfläche 2) Zwischen den Rippen 3) Von unten fluten 4) Noch einmal von oben über die ganze Fläche Bei schlechten und dunklen Grundierungen nach dem Anziehen (10–20 Min.) noch einmal von oben über die ganze Fläche fluten.
Spritzen	Reinigung wie beim Fluten. Hinweise der Spritzgeräte-Hersteller beachten.
Empfehlung	Eine Verbesserung der Gilbungsbeständigkeit des Anstrichs wird erreicht, wenn die frisch lackierten Heizkörper nach einer Ablüftzeit (von 15–30 Min.) ca. 7 Std. durchgeheizt werden.

IV.Kennzeichnung

VOC-Gehalt nach Anhang II der VOC-Richtlinie 2004/42/EG

VOC Grenzwert Anhang II A (Unterkategorie i)

Lb: max. 500 g/l nach Stufe II (2010)

VOC-Gehalt dieses Produkts: < 500 g/l

Name: Klasse: Datum:

Spritzen

1 Nennen Sie drei Vorteile und drei Nachteile des Spritzverfahrens.

Vorteile des Spritzverfahrens	Nachteile des Spritzverfahrens

2 Erklären Sie den Begriff **Overspray**.

3 Ergänzen Sie mithilfe des QR-Codes die Mindmap zu **Spritzverfahren**.

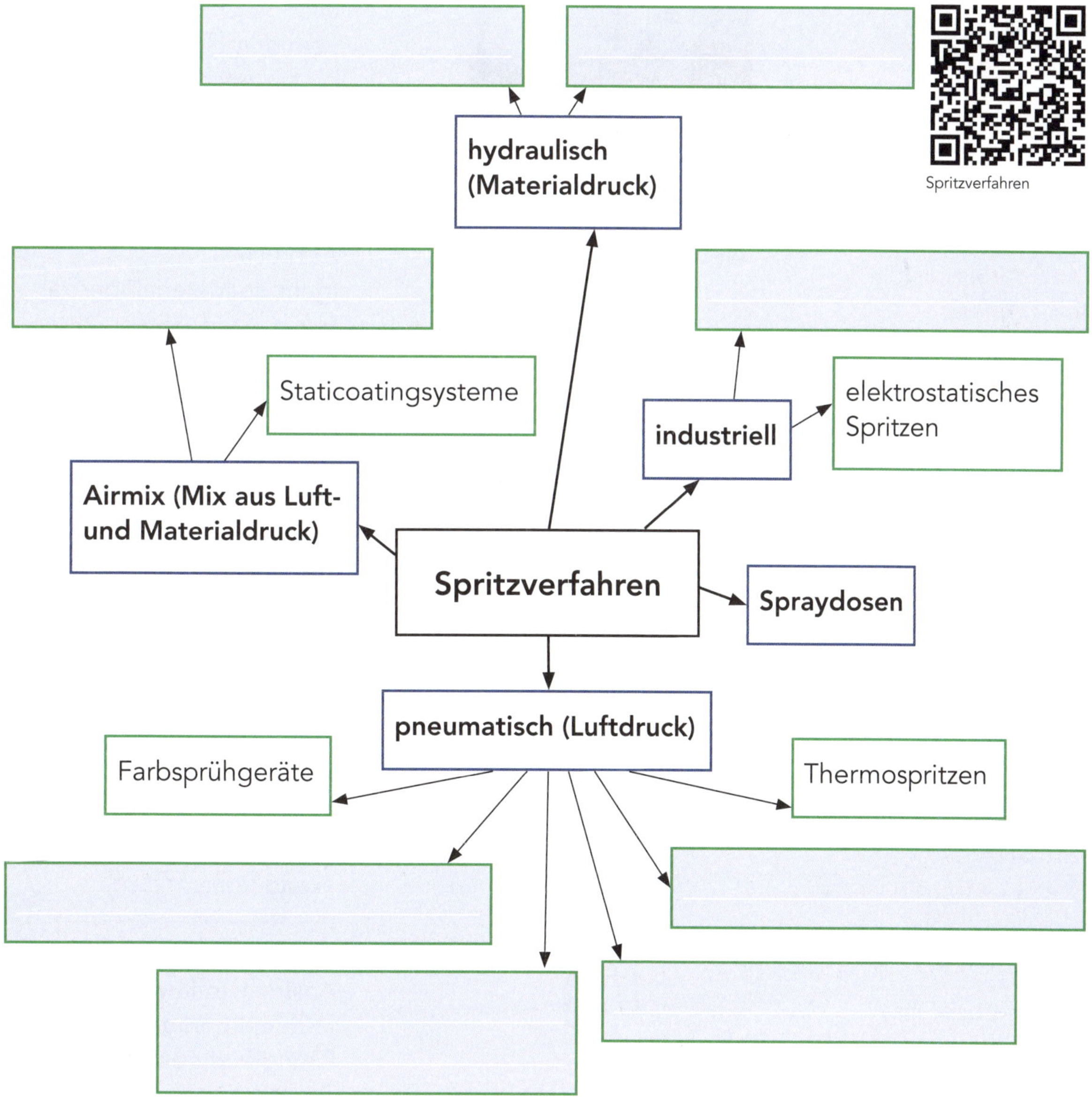

Spritzen

4 Nummerieren Sie die Bezeichnungen und die Anwendungsbereiche mit der jeweiligen Nummer des Spritzwerkzeugs. Übertragen Sie die Zuordnung auf ein Blatt Papier.

Bezeichnung

- Niederdruck-Spritztechnik
- Spraydose
- Hochdruck-Spritztechnik (HD)
- Airlesspistole, Airless
- HVLP Spritzsystem
- RP Spritzsystem
- Farbsprühgerät

Spritzwerkzeuge

1

2
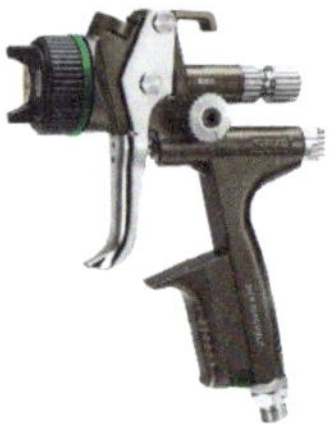

3

4

5

6

7

Anwendungsbereiche

Lackierungen

- spezielle Vorarbeiten,
- Markierungsarbeiten
- Ausbesserungsarbeiten
- kleine Lackierarbeiten im Innenraum
- farbliche Anpassung von zwei lackierten Flächen
- künstlerisches Arbeiten

Lackierungen

---

geeignet zum Spritzen aller Beschichtungsstoffe, vom dünnflüssigen Lack bis zur hochviskosen, gefüllten Dispersions- oder Flammschutzbeschichtung

---

Lackierungen
Airbrush
(geringe Materialübertragung, daher entspricht es nicht mehr den aktuellen gesetzlichen Bestimmungen)

Lackierungen auf der Baustelle, z. B. Heizungen
- kleine Flächen
- Grundierungen
- mehrfarbige Gestaltung im Innen- und Außenraum mit häufigem Farbwechsel
- Holzschutzmittel, Lasuren
- Alternative zu Streichen und Rollen

Versprühen wässriger Anstrichstoffe wie Kalkfarben, Imprägniermittel, Grundierungen oder Tapetenlöser

Name: Klasse: Datum:

Spritztechniken

1 Um eine qualitativ hochwertige Lackierung auszuführen, sind einige **Spritztechniken** zu beachten. Beantworten Sie die folgenden Fragen oder kreuzen Sie die richtige Antwort an.

a) Wie heißt die Spritztechnik, bei der zuerst waagerechte, dann senkrechte Spritzstreifen im 90° Winkel übereinander lackiert werden?

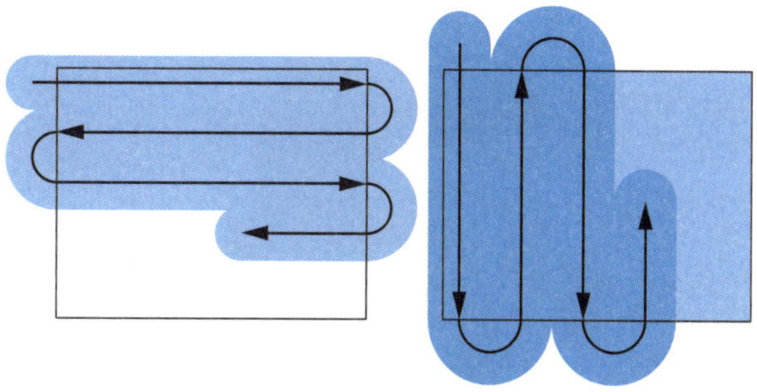

waagerechter Spritzgang senkrechter Spritzgang

b) Was muss zuerst lackiert werden?

☐ waagerechte Flächen ☐ Kanten und Ränder

c) Was versteht man unter dem Nass-in-Nass-Auftrag?

d) Was ist unter dem Begriff „vornebeln" zu verstehen?

e) Welche Aussagen zum Abstand zwischen Spritzpistole zum Werkstück sind richtig? Streichen Sie die falschen Aussagen durch und korrigieren Sie diese.

1. Der Abstand der Pistole zum Werkstück muss immer gleich bleiben.
2. Bei zu kleinen Abständen entstehen Läufer.
3. Bei allen Spritzwerkzeugen beträgt der optimale Abstand ca. 15–20 cm zum Werkstück.
4. Bei zu großen Abständen entsteht zu viel Spritznebel und die Oberfläche wird rau.
5. Beide Hände müssen die Pistole führen.

f) In welchem Winkel sollte der Spritzstrahl auf den Untergrund treffen?

☐ 34° ☐ 100° ☐ 90°

Name: Klasse: Datum:

Atemschutz beim Spritzen

1 Beschriften Sie die abgebildeten Atemschutzmasken und notieren Sie ihre Wirkungsweisen.

2 Sie verwenden bei der Arbeit eine Halbmaske mit austauschbaren Aktivkohlefiltern. Auf den Filtern sehen Sie folgende Abkürzung: A1P1 und ein umlaufendes braunes Band.

Was bedeutet die Abkürzung A1P1?

Was sagt das umlaufende braune Band aus?

Name: Klasse: Datum:

Gesundheits- und Umweltschutz beim Spritzen

1 Vervollständigen Sie den folgenden Lückentext mit den Wörtern aus dem Kasten.

Nassabscheider – Spritznebel – Atemschutzmaske – lösemittelarmen – Wasser – Sonderabfall – Trockenabscheider – Lackieroverall – Filtermatten – Handschuhe – Koaguliermittel – nebelarmen

Um sich beim Spritzen mit verschiedenen Spritzwerkzeugen vor dem ______ zu schützen, sollten während der Arbeit ein ______ mit Kapuze und ______ getragen werden.

Damit keine Gase, Dämpfe oder auch feste Partikel in die Lunge gelangen und Krankheiten auslösen, wird eine ______ mit Aktivkohlefiltern oder ein belüfteter Atemschutz getragen.

Die Umweltbelastung wird mit ______ Beschichtungsstoffen und ______ Spritzsystemen so gering wie möglich gehalten.

Wird in geschlossenen Räumen gespritzt, muss der Spritznebel gefiltert werden.

Wird wenig gespritzt, eignen sich ______:

Die Luft im Spritzbereich wird angesaugt und der Spritznebel mit ______ gefiltert. Die restliche Luft wird nach außen geleitet.

Noch wirkungsvoller ist ein ______:

Dabei werden die Partikel aus dem Spritznebel mithilfe von ______ und ______ zu Lackschlamm gebunden. Dieser wird möglichst entwässert und als ______ entsorgt oder recycelt.

2 **Erklären Sie, was ein Koaguliermittel bewirkt.**

3 **Wie kann der Lackschlamm mit koagulierten Lack- und Farbresten entsorgt werden?**

Name: Klasse: Datum:

Messung der Schichtdicke von Beschichtungssystemen

1 Ordnen Sie den Schichtdickenmessgeräten die richtige Bezeichnung zu.

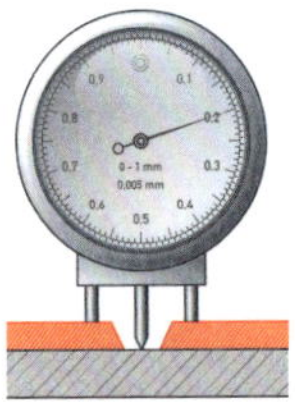

Universalschichtdickenmesser

Schichtdickenmesser für nasse Beschichtungen

Schichtdickenmesser für trockene Beschichtungen

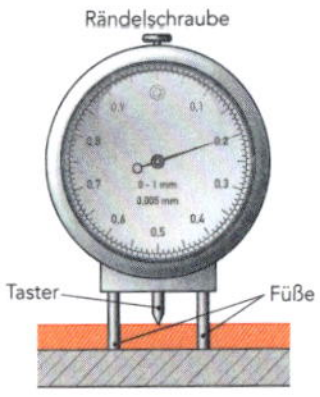

Messkamm

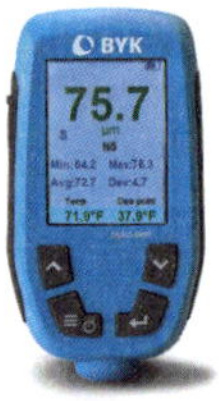

Magnetischer Schichtdicken-messer

2 **Vervollständigen Sie den Lückentext mit den Begriffen im Kasten.**

µm – leichte – Nassschichtdicke – besonderen Belastungen – schwere – Trockenschichtdicke – nassen

Schichtdicken von Beschichtungen sollten vor allem bei ______ der Beschichtung gemessen werden. Bei Eisenmetallen werden ______ Korrosionsschutzbeschichtungen (100–200 µm) und ______ Korrosionsschutzbeschichtungen (ab 300 µm) unterschieden. Die Schichtdicke kann entweder im ______ Zustand (______) oder im trockenen Zustand (______) gemessen werden. Die Schichtdicke wird immer in ______ gemessen.

3 **Rechnen Sie um: Wie viele mm und wie viele cm sind 300 µm?**

Name: Klasse: Datum:

Arbeitsablauf beim Bearbeiten metallischer Untergründe

1 Bringen Sie die 14 **Arbeitsschritte** für die Vorbereitung und Lackierung eines metallischen Untergrunds in die richtige Reihenfolge, indem Sie Nummern von 1 bis 14 in die Kästchen eintragen.

- Untergrund reinigen (Netzmittelwäsche)
- Füller auftragen
- Untergrund reinigen
- Untergrund entrosten
- Untergrund reinigen
- Decklack auftragen
- Arbeitsplatz aufräumen und säubern
- Untergrund schleifen
- Baustelle einrichten
- Untergrund entfetten
- Grundierung schleifen
- Zinkfehlstellen ausbessern mit Zinkstaubgrundierung
- Untergrundprüfungen durchführen
- Sicherheitsvorkehrungen für die Bearbeitung festlegen und umsetzen (PSA)

2 Welche **persönliche Schutzausrüstung** tragen Sie bei diesem Auftrag?

PSA

3 Was ist zu beachten, wenn Sie **2-K-Systeme** verwenden? Lösen Sie die Aufgabe mithilfe des QR-Codes.

2-K-Systeme

4 Was passiert, wenn eine verzinkte Oberfläche sauren Niederschlägen ausgesetzt ist?

Name: Klasse: Datum:

Zinkuntergründe

1 Erklären Sie die **positive Wirkung von Zink** auf Stahl.

2 Welche **problematischen Folgen** kann der Zinküberzug aber auch haben? Verwenden Sie in Ihrer Antwort folgende Begriffe: Zinksalze, osmotischer Druck.

3 Wie können Sie vor dem Beschichten die **Zinksalze** entfernen?

4 Beschreiben Sie die Zusammensetzung des Reinigungsmittels und die Vorgehensweise bei der **Entfernung der Zinksalze**.

5 Welche **persönliche Schutzausrüstung** (PSA) tragen Sie bei der Reinigung von Zinkoberflächen?

-
-
-
-

PSA

6 Woran erkennen Sie die **Zeichen** für Ihre Schutzausrüstung?

Name: Klasse: Datum:

Arbeiten mit technischen Merkblättern

1 Sie finden in dem **technischen Merkblatt** auf der folgenden Seite diese Aussage:

„Bei zu dick applizierten Schichten kann nach einer Außenbewitterung oder nach Applikation von Deckbeschichtungen durch Kohäsionsbruch eine Spaltung der zu dicken Zinkstaubbeschichtung auftreten."

Erklären Sie diesen Satz mit einfachen Worten.

2 Berechnen Sie die Beschichtungsfläche **eines** feuerverzinkten Mülleimers der Büchnerschule mit den Maßen H x B x T: 600 mm x 310 mm x 400 mm. Vernachlässigen Sie bei der Berechnung die Einwurflücke.

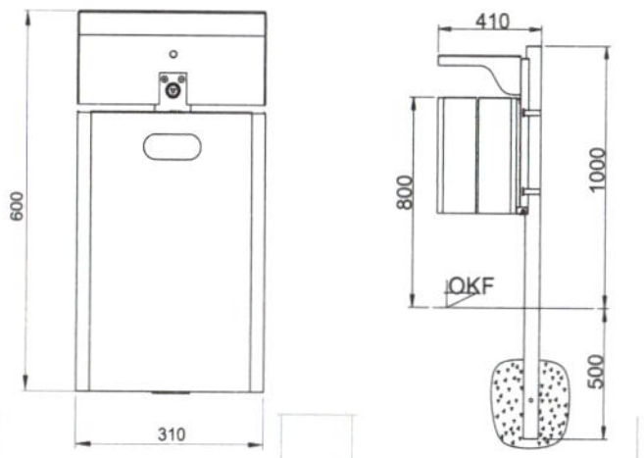

3 Berechnen Sie nun, wie viel kg Zinkstaubgrundierung Sie für 14 Mülleimer benötigen würden.

4 Welche Angaben finden Sie im technischen Merkblatt auf der folgenden Seite zur **Untergrundvorbehandlung** und zum **Streichen** bzw. **Rollen**?

Name: Klasse: Datum:

Arbeiten mit technischen Merkblättern

VESTOZINK
1K-EPE-ZINKSTAUB RAPID MG02-

VESTOCOR
PROTECTIVE COATINGS

Produktbeschreibung:
Einkomponenten Grundbeschichtungsstoff auf Basis Epoxidester, lösemittelhaltig. Aktives Pigment: Zinkstaub

Anwendungsbereiche:
Hervorragende aktive Korrosionsschutz-Grundbeschichtung für strahlentrostete Stahlbauobjekte, Behälter, Rohrleitungen in der Petrochemie, dem Bergbau, Stahlwasserbau, im Bereich Schiffsbau usw. Hoher Festkörpergehalt, schnelltrocknend, schwer verseifbar, hohe Süß- und Seewasserbeständigkeit, nach Aushärtung unlöslich in Mineralölen und aliphatischen Kohlenwasserstoffen, gute Witterungsbeständigkeit.

Härter:
Entfällt

Artikelnummern, Farbtöne:
z.B. MG02-0097, grau
Andere Farbtöne auf Anfrage.

Technische Daten (bezogen auf die Mischung):

Flammpunkt:	über +23°C
Viskosität:	strukturviskos
Dichte:	ca. 2,5 g/ml
Mischungsverhältnis:	---
Verarbeitungszeit:	---
Trockenschichtdicken (TSD):	80 µm
Festkörper-Volumen:	ca. 49%
Ergiebigkeit (theor.):	ca. 2,6 m2/kg bei 80 µm TSD
VOC-Wert:	ca. 490 g/l
Organischer Lösemittelgehalt:	ca. 20% Gew.
Temperaturbeständigkeit:	max. +160°C trockene Wärme (Dauerbelastung) max. +180°C trockene Wärme (Spitzenbelastung)

Die angegebenen Technischen Daten unterliegen Schwankungen in Abhängigkeit des Farbtons und des Produktionsverfahrens.

Trockenzeiten:

staubtrocken:	nach ca. 1 Stunde
griffest:	nach ca. 4 Stunden
überarbeitbar:	nach ca. 8 Stunden (spritzen)

Die angegebenen Werte beziehen sich auf die Trockenschichtdicke bei (Normalklima) +20 °C und einer relativen Luftfeuchtigkeit von 55%.

Verarbeitungstemperaturen / Luftfeuchtigkeit:
+5°C bis +35°C

Die Untergrundtemperatur muss mindestens 3°C über dem Taupunkt der Umgebungsluft liegen.
Die relative Luftfeuchtigkeit sollte nicht mehr als 85% betragen.

Verdünnung:
VESTOCOR Universal-Verdünnung VN62-,
auch zum Reinigen der Arbeitsgeräte.

Folgebeschichtungen:
Geeignet sind je nach Anforderung VESTOCOR Produkte auf Basis: VESTOPLAST, VESTOPUR

Untergrundvorbehandlung:
Stahl: Strahlen nach Vorbereitungsgrad Sa 2,5 der DIN EN ISO 12944, Teil 4. Die optimale Haftung von zinkstaubhaltigen Beschichtungsstoffen wird prinzipiell nur erreicht, wenn die Strahlung mit scharfkantigen Strahlgut erfolgt.

Applikationsdaten:
Streichen/Rollen: Bei der Verarbeitung mit dem Pinsel ist der Beschichtungsstoff gleichmäßig und satt aufzutragen und zu verstreichen. Aufgrund der schnellen Trocknung muss zügig gearbeitet werden. Im allgemeinen wird unverdünnt gearbeitet.

Airless-Spritzen: In der Regel in Lieferform, falls erforderlich können max. 5 Gew.-% VESTOCOR Verdünnung zugesetzt werden.

Mindestdruck:	ca. 120 bar
Düse:	ca. 0,33 – 0,48 mm

Ausbessern von Transport- und Montageschäden:
Empfohlene Oberflächenvorbereitung: Fehlstellen strahlen nach PSa 2,5 der DIN EN ISO 12944, Teil 4. Ausbessern mit: VESTOZINK 1K-EPE-Zinkstaub RAPID. Kann aus technischen oder umweltbedingten Gründen nur eine maschinelle Entrostung nach PSt 3 der DIN EN ISO 12944, Teil 4, erfolgen, ist Ausbessern mit VESTOCOR oberflächentoleranten Grundierungen möglich.

Lagerung und Kennzeichnung nach der Gefahrstoffverordnung/Betriebssicherheitsverordnung:
Die Kennzeichnung nach der aktuell gültigen Gefahrstoffverordnung ist den zugehörigen Sicherheitsdatenblättern und Etiketten zu entnehmen.

Lagerfähigkeit:
Stammlack: ca. 12 Monate, bei sachgemäßer Lagerung von +5°C bis +25°C der nicht angebrochenen Gebinde.

Sicherheits- und Schutzmaßnahmen:
Bei der Verarbeitung sind die berufsgenossenschaftlichen Regeln für Sicherheit und Gesundheit bei der Arbeit BGR 500, Kapitel 2.29, sowie die aktuellen EG Sicherheitsdatenblätter, zu beachten. Im flüssigen Zustand sind die Produkte wassergefährdend und dürfen deshalb nicht in Gewässer gelangen. Weitere Angaben sind dem Merkblatt M023 „Polyester und Epoxidharze" der Berufsgenossenschaft zu entnehmen.

Bemerkungen:
Bei zu dick applizierten Schichten kann nach einer Außenbewitterung oder nach Applikation von Deckbeschichtungen durch Kohäsionsbruch eine Spaltung der zu dicken Zinkstaubbeschichtung auftreten. Höhere Schichtdicken als 150 µm sind deshalb zu vermeiden.
Die Angaben und Empfehlungen in Wort und Schrift entsprechen dem heutigen Stand unserer Kenntnisse und dienen zur Information des Käufers. Sie entbinden den Käufer nicht, die Produkte auf ihre Eignung und Verwendung zu prüfen. Eine einwandfreie Qualität gewährleisten wir im Rahmen unserer allgemeinen Geschäftsbedingungen. Hiermit verlieren alle früheren Technischen Merkblätter ihre Gültigkeit.

VESTOCOR PROTECTIVE COATINGS
VESTOCOR GmbH . Im Fuhlenbrock 120 . 46242 Bottrop/Germany
Tel. +49 (0)2041.559061 . **Fax.** +49 (0)2041.51195 . **I** www.vestocor.com . **E** post@vestocor.com
STAND: 10/2012

Name: Klasse: Datum:

Aluminiumuntergründe

1 Welche **Eigenschaften** machen Aluminium zu einem interessanten Werkstoff?

-
-

2 Erklären Sie die **Reaktion von Sauerstoff mit Aluminium** mithilfe der Skizzen.

3 Welche **Untergrundprüfungen** erfolgen bei den unten stehenden Schäden auf Aluminium?
Welche Maßnahmen zur **Beseitigung** schlagen Sie vor?
Ergänzen Sie die Tabelle.

Untergrundprüfung

Schäden	Prüfmethoden	Beseitigung
Mechanische Schäden in der Oxidschicht		
Verunreinigungen Verwitterung		
Beschädigte Altbeschichtung		

4 Nennen Sie **Beschichtungen**, die sich für Aluminiumuntergründe eignen.

Name: Klasse: Datum:

Kupferuntergründe

1 Nennen Sie **vier Eigenschaften** des Werkstoffs Kupfer.

-
-
-
-

2 In welche zwei bekannten **Legierungen** können Kupferlegierungen unterteilt werden?

3 Wie heißt die auf dem Bild zu sehende optische Veränderung von Kupferbauteilen und wie kann sie entfernt werden?

4 Ergänzen Sie den Lückentext.

Endbeschichtung – 2-K-Acryllack – Epoxidharzgrundierungen – Polyurethanlack

Kupferuntergründe können sowohl deckend als auch farblos mit ______ grundiert werden. Eine deckende ______ wird am besten mit ______, eine farblose Endbeschichtung mit ______ ausgeführt.

5 Nennen Sie eine Eigenschaft von 2-K-Acryllacken und drei Eigenschaften von Epoxidharz- und Polyurethanharzlacken.

2-K-Acryllacken

-

Epoxidharz- und Polyurethanharzlacke:

-
-
-

Name: Klasse: Datum:

Kundenzufriedenheit durch Qualität

1 Kreuzen Sie die vier richtigen Aussagen zur Qualität an und korrigieren Sie die falschen.

- ☐ 1. Sie halten sich an gesetzliche Vorschriften und Normen.
- ☐ 2. Sie rufen jeden Tag mehrmals beim Kunden an und fragen, ob er/sie noch Fragen hat.
- ☐ 3. Sie halten den Zeitplan für die Ausführung der Arbeiten ein.
- ☐ 4. Sie können eine über die gesetzliche Gewährleistungspflicht hinausgehende Garantie für Ihre Arbeit geben.
- ☐ 5. Sie stehen jeden Tag um 6:30 Uhr beim Kunden vor der Haustür, obwohl ein Beginn der Arbeiten um 8:00 Uhr abgesprochen ist. Wer früh anfängt, ist schneller mit der Baustelle fertig. Das müsste auch im Interesse des Kunden liegen.
- ☐ 6. Sie führen die Arbeiten fach- und sachgerecht aus.
- ☐ 7. Sie haben beim Kunden immer Recht, schließlich sind Sie der Experte.

2 Überlegen Sie, wie Sie mit Ihrer persönlichen Leistung und Ihrem Auftreten die Arbeitsqualität und die Kundenzufriedenheit erhöhen können. Zählen Sie drei Punkte auf.

Name: | Klasse: | Datum:

Entstehung von Farbe

1 Beschreiben Sie den abgebildeten **Sehvorgang**.

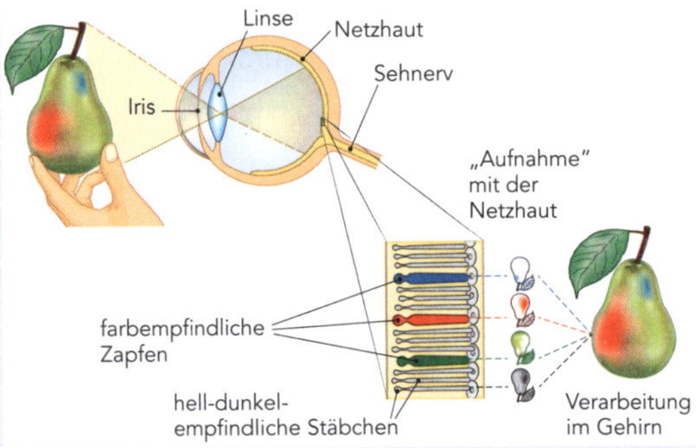

2 Was ist hier dargestellt? Finden Sie Bildunterschriften.

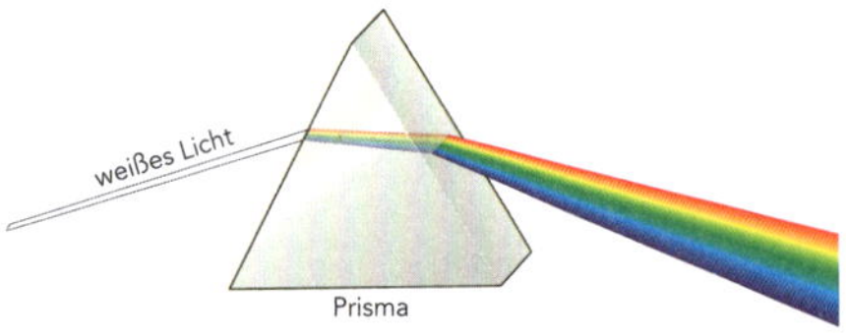

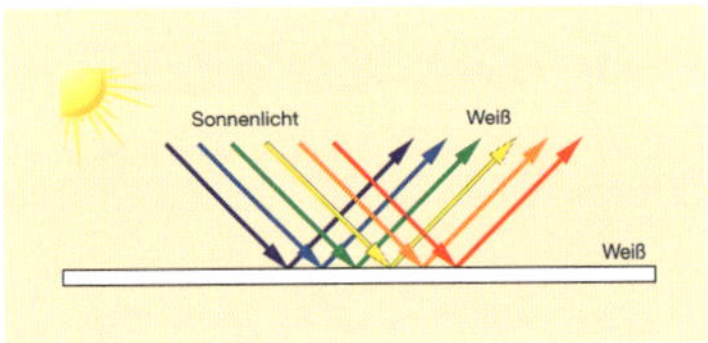

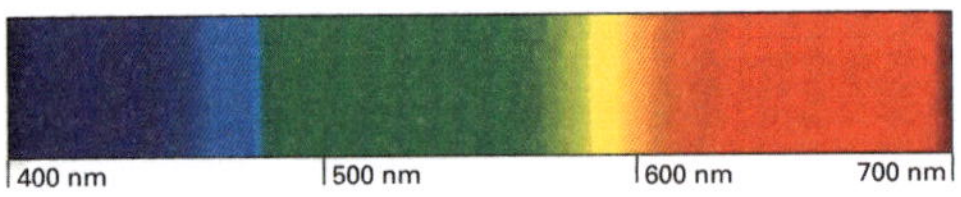

3 Ergänzen Sie die folgenden Sätze:

a) Um Farben sehen zu können, benötigt das Auge ____________.

b) Bei wenig Licht gibt es keine Farbempfindungen. Daher auch das Sprichwort „Nachts sind alle Katzen grau.“ Es werden nur die ____________ im Auge aktiviert.

c) Bei Kerzenlicht ____________ derselbe Farbton anders als bei Tageslicht.

d) Sonnenlicht lässt sich in ____________ zerlegen.

e) Die Spektralfarben kann man beim ____________ sehen.

4 Nennen Sie die **Spektralfarben**.

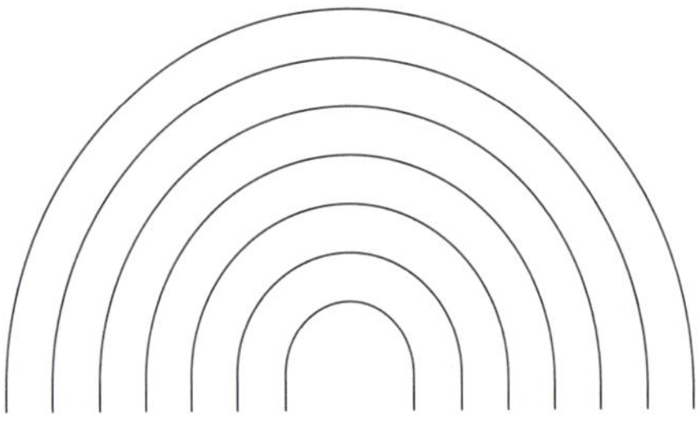

5 Legen Sie den **Regenbogen** mit Buntstiften in der richtigen Reihenfolge aus.

Name: Klasse: Datum:

Deckkraft und Glanz

1 An der Trennfläche zwischen Luft und Wasser kommt es zur Brechung der Lichtstrahlen.
Erklären Sie den Zusammenhang zwischen den **Brechungszahlen** von Bindemitteln und Pigmenten.

2 Bestimmte **pigmentierte Beschichtungsstoffe** brechen den Lichtstrahl nicht stark genug. Der Lichtstrahl wird erst vom Untergrund reflektiert.
Wie heißen diese Beschichtungsstoffe?

3 Stellen Sie zeichnerisch dar, wie **matte** und **glänzende Oberflächen** entstehen.

4 Wann erscheint ein Gegenstand **hochglänzend blau**?
Ergänzen und beschriften Sie das Bild.

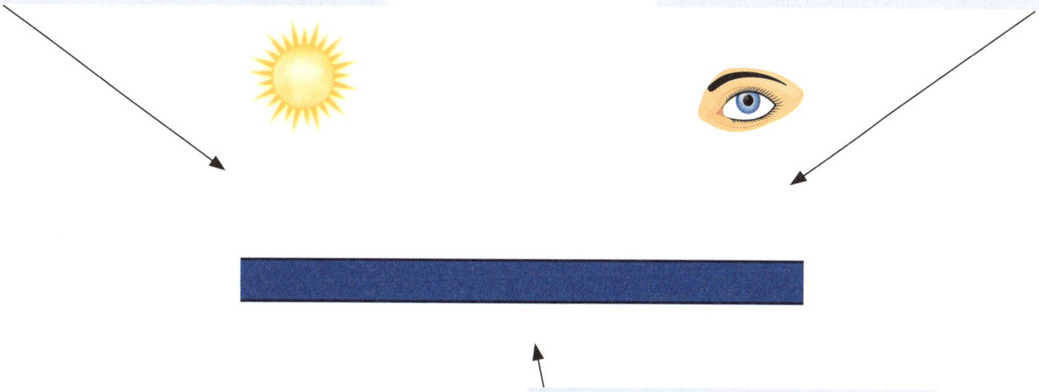

Systematik von Farben

1 Nach welchen drei Merkmalen können Sie eine Wandfarbe beschreiben?

-
-
-

2 Wie heißen die unbunten Farbtöne?

3 Unterstreichen Sie die drei Begriffe, die das Merkmal Sättigung beschreiben!

Chroma Brightness Reinheit Leuchtkraft Tonwert
Intensität Hellbezugswert hue Farbton

4 Finden Sie die drei Bezeichnungen in Aufgabe 3, die den Buntton beschreiben!

-
-
-

5 Erstellen Sie auf Zeichenkarton eine **Grautonleiter** mit weißer und schwarzer Abtönfarbe.
Beginnen Sie mit Weiß und enden Sie nach sechs weiteren gleichmäßigen Abstufungen bei Schwarz.

Arbeitsschritte:
- Mischen Sie auf Zeichenkarton mindestens zehn Grautöne, die Sie großzügig aufstreichen.
- Schneiden Sie Ihre Grautöne nach der Trocknung ohne weißen Rand aus. Dabei sollen Quadrate entstehen, die Sie zum Schluss auf dieser Seite unten einkleben.
- Sortieren Sie die Graustufen von hell nach dunkel.
- Gehen Sie zum Tageslicht und fächern Sie Ihre Abstufungen auf, kontrollieren Sie Ihre Reihenfolge und entscheiden Sie sich für 5 gleichmäßige Abstufungen.
- Sollten Sie feststellen, dass die Abstufung nicht gleichmäßig ist, mischen Sie weitere Grautöne.
- Kleben Sie Ihre Ergebnisse hier so auf, dass sie sich berühren. Fangen Sie links mit einem weißen Quadrat an, ordnen sie dann die 5 Graustufen an und enden Sie rechts mit einem schwarzen Quadrat.

6 Jeder Farbton hat einen **Hellbezugswert** (HBW).

a) Recherchieren und definieren Sie Hellbezugswert.

 Name: Klasse: Datum:

b) Ordnen Sie verschiedene Farbmuster den Grautönen zu.

Weiß	Grau	Grau	Grau	Grau	Grau	Grau	Grau	Grau	Schwarz

7 Wie kann man **Farben gleicher Helligkeit** herstellen?

8 Warum muss der Maler die **Helligkeit** von Farbtönen bei der Auswahl der Beschichtung berücksichtigen?

9

Welches Wort steht im **Vordergrund**: Wald oder Wiese?

10 Welche Fläche wirkt **optisch näher**?

11 Wodurch entstehen die unterschiedlichen **Helligkeiten** in beiden Abbildungen?

1

2

Systematik von Farben

12 Die Handwerkskammer lädt zu einem Lehrgang ein: „In diesem Lehrgang möchten wir Ihnen die Grundlagen der dekorativen Gestaltung vermitteln. Es wird Ihnen die Schönheit der **Graumalerei** mit verschiedenen Materialien näher gebracht."

Atelier Benad, München

Was bedeutet Graumalerei?

13 Die Abbildung zeigt weiße **Schrift** auf schwarzem **Untergrund** sowie schwarze Schrift auf weißem Untergrund.

Weiße Schrift gleicher Größe auf dunklem Untergrund wirkt kleiner als schwarze Schrift auf weißem Untergrund.

Weiße Schrift gleicher Größe auf dunklem Untergrund wirkt größer als schwarze Schrift auf weißem Untergrund.

a) Welche der beiden Aussagen in der Abbildung ist richtig?

b) Welche Schrift lässt sich besser lesen?

14 Welches Merkmal eines Farbtons ist im Bildbeispiel stark verändert worden: Buntton, Helligkeit oder Sättigung? Begründen Sie ihre Antwort.

15 Erklären Sie mithilfe des Bildes die Begriffe **Buntton**, **Helligkeit** und **Sättigung**.

Farbmischung

1 Definieren Sie **subtraktive Farbmischung**.

2 Welche Bedeutung haben die Buchstaben **C, M, Y** in Zusammenhang mit der subtraktiven Farbmischung?

3 Welcher Bestandteil in den Beschichtungen ist der **farbgebende Körper** und reflektiert Anteile des Lichts?

4 Malen Sie die Kästchen mit Buntstiften farbig an und formulieren Sie einen Merksatz.

Primärfarben

☐	☐	☐

Merksatz:

Sekundärfarben

☐	+	☐	=	☐
☐	+	☐	=	☐
☐	+	☐	=	☐

Merksatz:

Name: Klasse: Datum:

Farbmischung

5 **Tertiärfarben** sind Farbmischungen, die alle drei Primärfarben enthalten.
Auf welche Weise können Tertiärfarben gemischt werden?
Nennen Sie die zwei Möglichkeiten.

-
-

6 Mischen Sie auf einem extra Blatt Papier verschiedene **Tertiärfarben**.
Notieren Sie sich, aus welchen Farbtönen Sie diese gemischt haben.
Beurteilen Sie hier Ihre Ergebnisse schriftlich.

7 Verbinden Sie Farbenpaare, die sich zu einem dunklen **Grau** bzw. zu einem **Braunton** ergänzen.

8 Wie werden Farben, die sich im **Farbkreis** gegenüberliegen, bezeichnet?

9 Warum ist das **Mischergebnis der Komplementärfarben** eine Tertiärfarbe?
Begründen Sie ihre Antwort.

Name: Klasse: Datum:

Ordnung der Farben

1 Konstruieren Sie den **6-teiligen Farbkreis.**

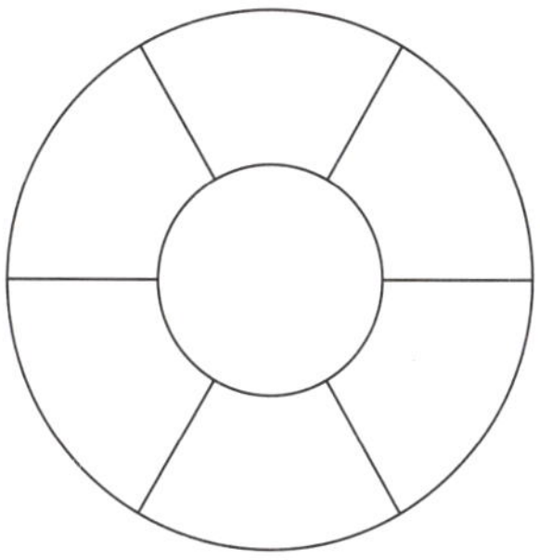

Bereiten Sie auf einem Zeichenkarton Ihr Zeichenblatt wie üblich vor.

Für die Konstruktion benötigen Sie:
- Zirkel
- Geodreieck
- Bleistift

Der äußere Kreis hat einen Durchmesser von 7 cm.
Der innere Kreis hat einen Durchmesser von 3 cm.

Die Konstruktion erfolgt ähnlich wie für ein regelmäßiges Sechseck mit der Seitenlänge/Radius = 7 cm.

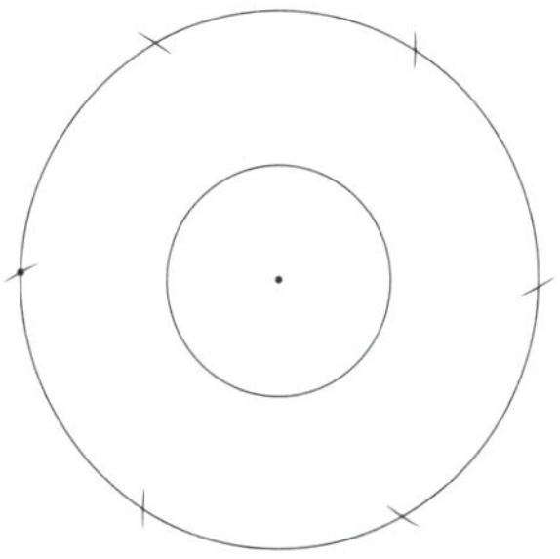

- Schlagen Sie den äußeren Kreis.
- Schlagen Sie den inneren Kreis.
- Wählen Sie an einer beliebigen Stelle auf der äußeren Kreislinie den ersten Schnittpunkt.
- Von diesem ersten Schnittpunkt aus wird nun der Radius (in unserem Beispiel r = 7 cm) der Reihe nach 6 Mal abgeschlagen.
- Verbinden Sie diese Schnittpunkte nun mit dem inneren Kreis, indem Sie das Geodreieck jeweils durch den Schnittpunkt und durch den Kreismittelpunkt legen.

2 a) Nummerieren Sie in der Tabelle die richtige **Reihenfolge der Farben** im Uhrzeigersinn. Beginnen Sie mit Gelb.
b) Heben Sie die Namen der Primärfarben farblich hervor.

Orange	Violett	Rot	Gelb	Blau	Grün

3 Füllen Sie den in Aufgabe 1 abgebildeten Farbkreis mit Buntstiften in den Primärfarben und den Sekundärfarben in der richtigen Reihenfolge aus.

4 Welcher Zusammenhang besteht zwischen der Reihenfolge der Farben im 6-teiligen Farbkreis und den **RAL-Farben** in den DIN-Normen?

5 Legen Sie Ihren konstruierten Farbkreis mit wasserverdünnbaren Farben deckend aus. Verwenden Sie dazu nur die **drei Primärfarben.**

Ordnung der Farben

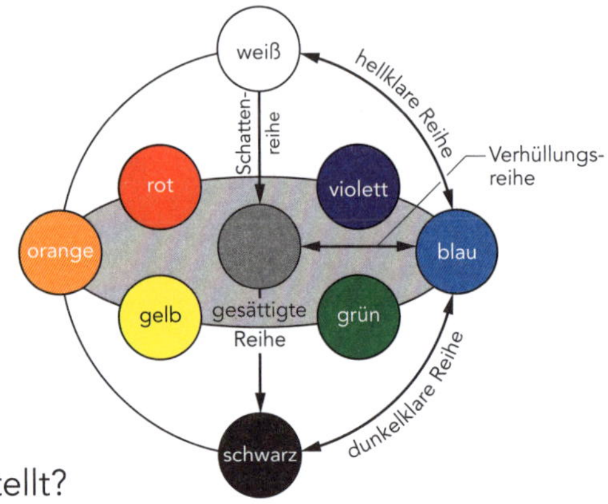

6 Erklären Sie anhand der Abbildung rechts den **Farbglobus nach Runge:**

- Wie heißen die fünf Farbreihen nach Runge?
- Wo liegt jede der fünf Farbreihen?
  Tipp: Der Farbglobus nach Runge kann mit dem Aufbau der Erde verglichen werden.
- Welche Farbtöne werden dort jeweils dargestellt?

7 Verändern Sie einen Farbton aus der gesättigten Reihe, indem Sie diesen aufhellen, abdunkeln und verhüllen. Präsentieren Sie Ihr Ergebnis auf Zeichenkarton. Achten Sie auf einen gleichmäßigen Farbauftrag und eine ansprechende Anordnung in der Fläche.

 Name: Klasse: Datum:

Ordnung der Farben

8 Worin unterscheiden sich Farben gleicher Helligkeit von Farben gleicher Sättigung? Beurteilen Sie dazu das Ergebnis von Aufgabe 7.

9 Wie werden **monochrome Farbreihen** noch benannt?

10 Auf welche Art und Weise kann der Maler eine **harmonische Farbgestaltung** entwickeln?

11 Im NCS-System erhält jeder Farbton eine Codierung.

a) Woran erkennen Sie, dass der Farbton 1040-R60B heller ist als der Farbton 4050-R60B?

b) Wie heißt die Grundfarbe in beiden Beispielen?

c) Wie groß ist der Anteil der Mischfarbe?

d) Welche Farbrichtung hat dieser codierte Farbton?

12 Skizzieren Sie einen 6-teilen Farbkreis und übertragen Sie entsprechend die Farbreihen 1000er bis 6000er des **RAL-Systems**!
Was stellen Sie fest?

Name: Klasse: Datum:

Symbolische Bedeutung der Farben

1 Welche Farben des sechsteiligen Farbkreises könnten Ihrer Meinung nach folgende Begriffe beschreiben?
Ordnen Sie jedem Begriff eine Farbe zu.

Begriff	Farbe	Begriff	Farbe
aufregend		sauer	
kalt		mystisch	
beruhigend		freudig	
Lebensfreude		Frühling	
Zauberei		Ferne	
Vertrauen		Gefahr	

2 Jede Sprache hat „farbige Redewendungen" mit symbolischer Bedeutung.
Finden Sie fünf **Redewendungen** und ärgern Sie sich nicht schwarz.

-
-
-
-
-

3 Farben haben **symbolische Bedeutungen**. Ergänzen Sie die Tabelle.

Schwarz	Weiß	Grün	Rot	Blau
Leere	Unschuld	Gesundheit	Aggressivität	Harmonie

4 Welche Farben werden als **warm** empfunden?

5 Welche Farbtöne **beruhigen**, wirken ruhig und entspannend?

6 Mit welchem Farbton würden Sie das Wartezimmer in einer Arztpraxis streichen? Begründen Sie Ihre Auswahl. Individuelle Lösungen sind möglich, wichtig ist die Begründung.

Name: Klasse: Datum:

Farbgestaltung in Räumen

1 Verändern Sie mit Ihrer Farbauswahl die Raumwirkung. Überlegen Sie, welche Möglichkeiten es gibt, den Raum **niedriger**, **höher**, **kürzer** und **schmaler** zu gestalten. Legen Sie die Flächen (Decke, Seitenwände, Rückwand und Boden) mit Buntstiften farbig aus.
Beschreiben Sie, wodurch Sie diese Wirkung erzielt haben.

Farbgestaltung	Raumwirkung
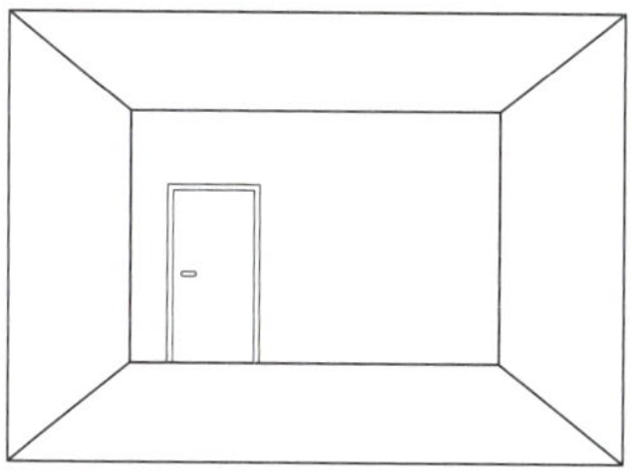	
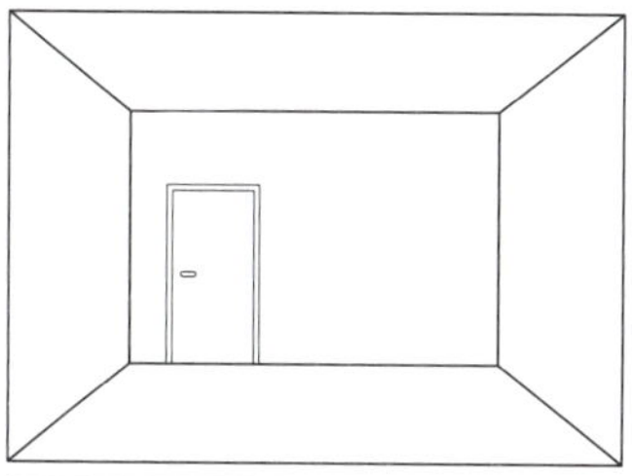	
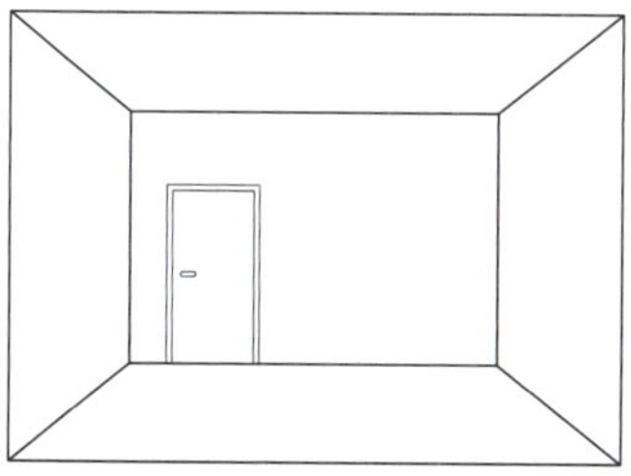	
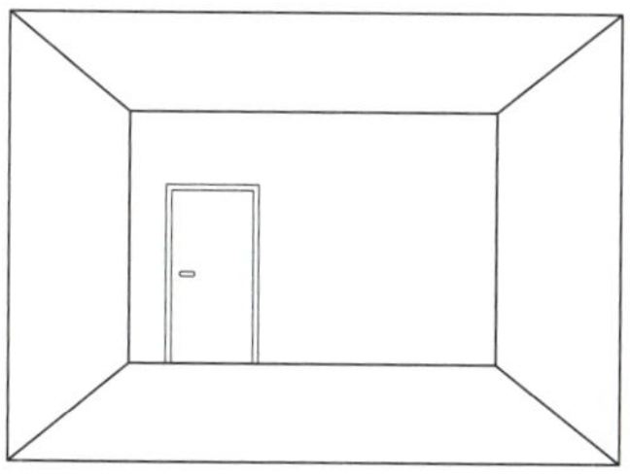	

2 Mit welchen weiteren Mitteln lassen sich Räume **optisch verändern**?

-
-
-
-

3 Erklären Sie den Begriff **Sockel**.

Formenlehre

1 Ergänzen Sie die Sätze, indem Sie Länge, Punkt, Höhe, Körper, Linie, Fläche, Breite, zweidimensional und Tiefe einsetzen.

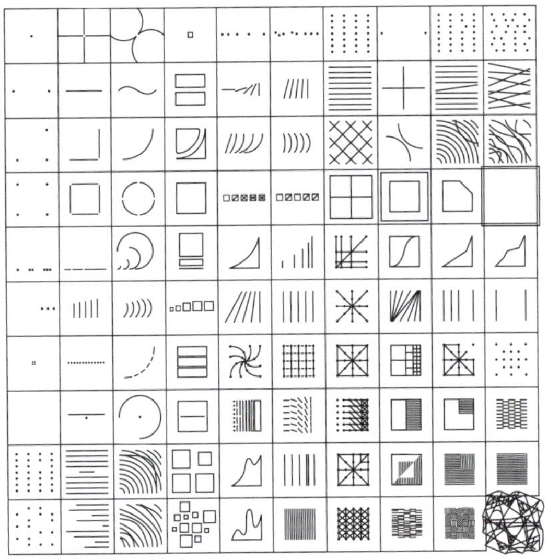

Der ______ hat die kleinste Ausdehnung. Reiht man Punkte ganz dicht, entsteht eine ______. Die Linie ist eindimensional. Ihre Ausdehnung wird als ______ bezeichnet. Wird eine Form von Linien begrenzt, entsteht eine ______. Die Fläche ist ______, z. B. eine Raumwand. Jede Fläche hat eine ______ und eine ______. Ein ______ setzt sich aus Flächen zusammen. Er ist dreidimensional, z. B. ein Wohnraum. Neben der Breite und Höhe hat er noch eine ______.

2 Betrachten Sie die Abbildung oben. Welche **Gestaltungselemente** wurden eingesetzt?

3 Warum hat man mit einem Gestaltungselement unterschiedliche Gestaltungsmöglichkeiten?
Erklären Sie in diesem Zusammenhang den Begriff **Struktur**.

4 Wie heißen die vier verschiedenen **Anordnungen** der dargestellten Punktstrukturen?

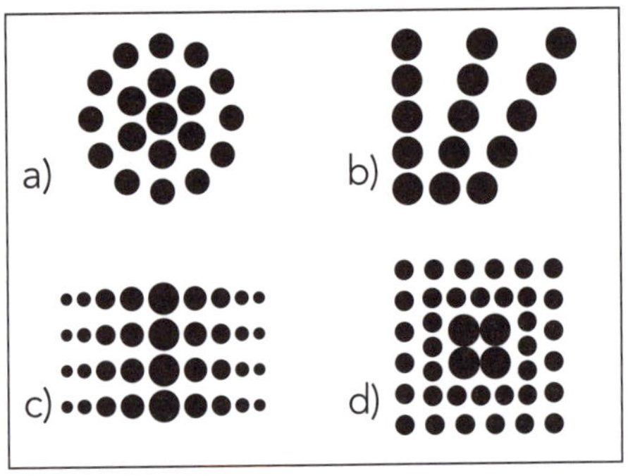

a) ______ Anordnung
b) ______ Anordnung
c) ______ Anordnung
d) ______ Anordnung

5 Gestalten Sie das nebenstehende Quadrat mit einer frei gewählten **Punktstruktur** und benennen Sie diese.

Name: Klasse: Datum:

Linien

1 Welche **Linienarten** sind in der Abbildung auf Seite 98, Aufgabe 1 dargestellt? Nennen Sie mindestens vier.

-
-
-
-

2 Gestalten Sie die **Flächen mit Linien**. Entwickeln Sie eine Schraffur, ein Netz oder Gitter, eine Bündelung und eine Überlagerung.

3 a) Überlegen Sie sich für beide Flächen eine **Struktur** und gestalten Sie die Flächen mit Linien.
b) Tragen Sie den Namen Ihrer Struktur jeweils als Bildunterschrift ein.

Name: Klasse: Datum:

Linien

4 Wie müssen Sie Linien anordnen, damit die **Höhe** betont wird?

Zeichnen Sie die Linien ein und überprüfen Sie die Wirkung.

5 Wie müssen Sie Linien anordnen, damit die **Breite** betont wird?

Zeichnen Sie die Linien ein und überprüfen Sie die Wirkung.

6 Machen Sie einen Versuch mit Freunden, Familienmitgliedern oder Kollegen:
Sie sollen mit einer einfachen Linie z. B. Aggressivität ausdrücken oder dass Sie sich beschwingt fühlen.
Wie sehen die Linien aus? Stellen Sie Ähnlichkeiten fest.

Bei **Aggressivität** waren viele Linien .

Bei **Beschwingtheit** waren viele Linien .

7 Wo finden Sie **Punkt- und Linienstrukturen** in Ihrem Beruf, in der Natur und in der Technik?
Ergänzen Sie Beispiele in der Tabelle.

	Beruf	Natur	Technik
Punkt	Buntsteinputz, Sprenkeltechnik	Schneeflocken	Rasterdruck
Linie	Tapete, Ritzer, Kammzugtechnik	Äste	Stromleitungen

8 Recherchieren Sie **Mäander** und **Wellenband**. Stellen Sie beide Bänder zeichnerisch dar.

9 Entwickeln Sie eigene Bänder aus Linien.

Name: Klasse: Datum:

Flächen und Ornamente

1 Zeichnen Sie die drei **Grundformen** der Fläche in das Rechteck.

2 Welche Wirkung haben die abgebildeten **Flächen** auf Sie?
Ordnen Sie die Wörter den Flächen zu.

aufstrebend

ausgeglichen, ruhig

dynamisch, aufsteigend

liegend, lastend

richtungsweisend

unendlich, ruhig

3 Definieren Sie den Begriff **Ornamente**.

4 Entwickeln Sie ein Ornament aus mindestens zwei Grundformen.

Name: Klasse: Datum:

Goldener Schnitt

1 a) Definieren Sie den **Goldenen Schnitt**.

b) Ergänzen Sie die **Streckenverhältnisse** des Goldenen Schnitts.

3 : 5, 5 : 8, 8 : 13, ____ : 21, 21 : ____, 34 : ____,
____ : 89, ____ : ____, ____ : ____ ...

2 Unterteilen Sie die Flächen mehrfach im Goldenen Schnitt, sodass mindestens **vier Teilflächen** entstehen.

3 Wählen Sie jeweils mindestens eine Fläche aus, die Sie mit Strukturen und farbig gestalten.

4 Gestalten Sie Ihre **Visitenkarte**.
Berücksichtigen Sie bei der Gestaltung den Goldenen Schnitt.

a) Wählen Sie als Format ein Rechteck mit einer Länge von 8 cm.
Wie hoch muss das Rechteck sein? ____

b) Zeichnen Sie das Rechteck hier ein.

c) Ergänzen Sie Ihre Kontaktangaben und gestalten Sie die Visitenkarte nach Ihren Vorstellungen. Beachten Sie die Ihnen bekannten Gestaltungsregeln auch für die Schrift und Farbgebung.

Name: Klasse: Datum:

Grundlagen des technischen Zeichnens

1 Messen Sie Ihren Tisch auf.

Maße:

a) Berechnen Sie die Maße für die Zeichnung der Tischplatte im Maßstab 1 : 20.

Berechnung der Zeichnungsmaße:

b) Zeichnen Sie die Tischplatte im Maßstab 1 : 20.

Zeichnung:

c) Bemaßen Sie Länge und Breite.

2 Wie nennt der Maler eine Abbildung, bei der die Flächen eines Körpers **nebeneinander** gelegt werden?

3 **Übung**

Messen Sie Ihren Klassenraum auf. Oder einen anderen Raum in Ihrem Zuhause.

- Zeichen Sie auf Zeichenkarton den Grundriss im Maßstab 1:100.
- Denken Sie daran, Türen und Fenster gesondert einzuzeichnen.
- Nehmen Sie eine Mauerstärke von 30 cm an.
- Bemaßen Sie Ihren Grundriss.
- Erstellen Sie eine Abwicklung der Wandflächen sowie der Decken- und Bodenfläche.

4 Nennen Sie drei „**Körper**", die ein Maler ganz oder teilweise beschichtet.

-
-
-

Name: Klasse: Datum:

Abwicklung eines Raums

Grundriss

1 Welcher Raum aus dem **Grundriss** (rechts und größer im QR-Code) wurde in Aufgabe 3 abgewickelt?

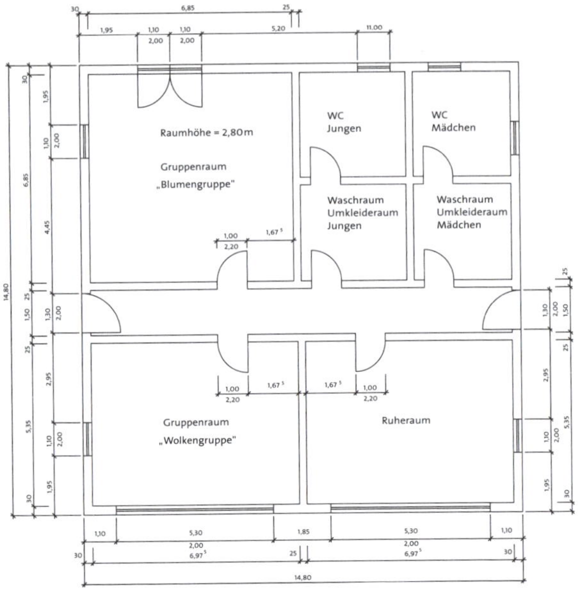

2 In welchem **Maßstab** wurde die Abwicklung unten gezeichnet?

Die Abwicklung wurde im Maßstab ______ gezeichnet.

3 **Bemaßen** Sie die Abwicklung.

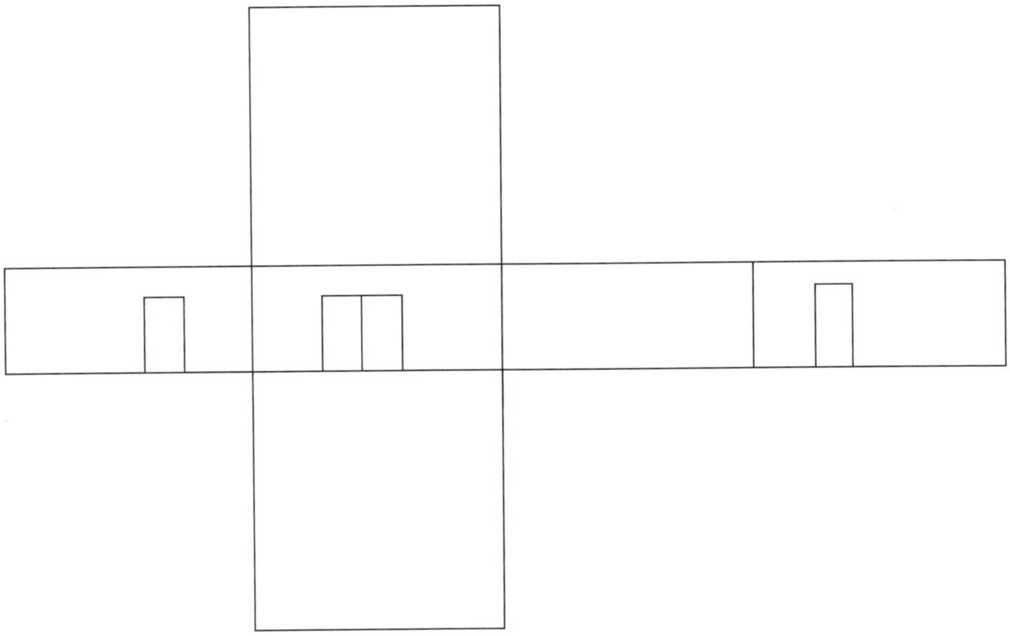

4 Der Raum erhält eine schmale Fußleiste. Berechnen Sie die benötigte **Länge**.

a) ohne Abzug: ______

Es werden ______ Fußleiste benötigt.

b) mit Abzug aller Öffnungen:

______

Bei Abzug der Öffnungen werden ______ Fußleiste benötigt.

 Name: ______ Klasse: ______ Datum: ______

Abwicklung eines Raums

5 Mithilfe der Abwicklung lassen sich nun verschiedene **Entwürfe** anfertigen. Erstellen Sie mit Buntstiften eine farbige Vorlage für den Gruppenraum der Blumengruppe.
Zu berücksichtigen ist:
- Der Fußboden des Gruppenraums ist mit hellgrauen PVC-Fliesen belegt.
- Die Decke soll nicht gestrichen werden.

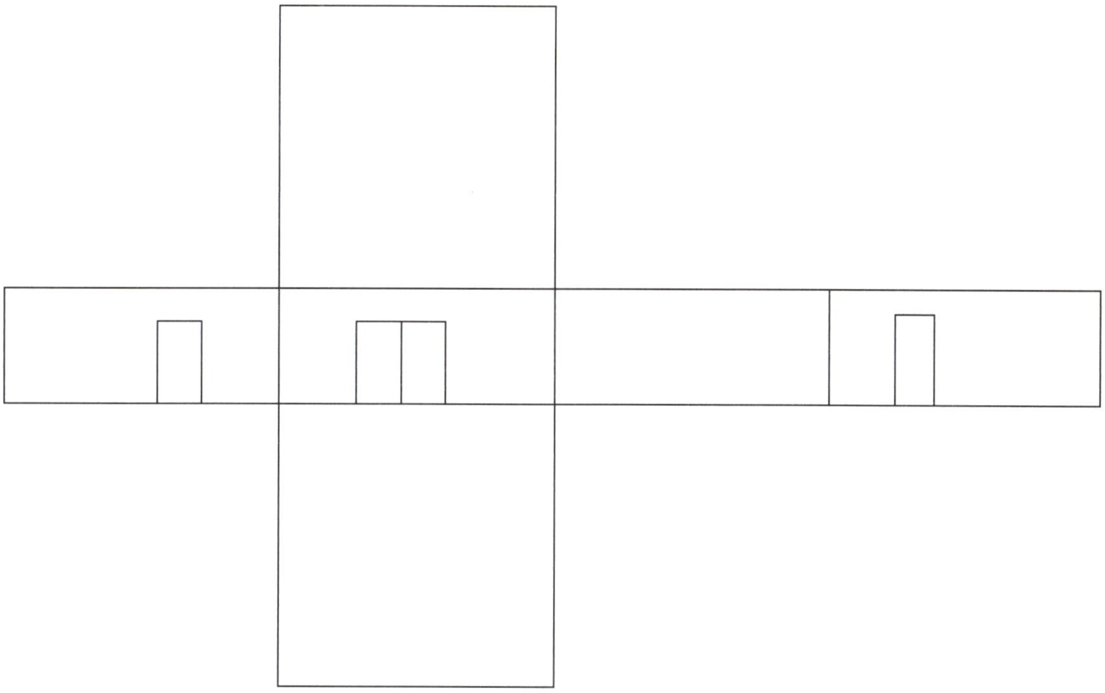

6 Sie begründen dem Kunden Ihren Vorschlag schriftlich.
Finden Sie Argumente für Ihre Gestaltung.

Name: Klasse: Datum:

Vergrößerungsverfahren

1 Welche drei **Möglichkeiten der Vergrößerung** eines gewählten Motivs kennen Sie?

-
-
-

2 Sie sollen diese blaue Fläche rechts doppelt so groß anlegen. Welches **Vergrößerungsverfahren** wenden Sie an? Die Fläche hat eine Seitenlänge l von 2 cm.

3 Setzen Sie Ihr Ergebnis **zeichnerisch** um und beschreiben Sie es.

4 Beschreiben Sie, wie eine **Gitternetzvergrößerung** durchgeführt wird. Nehmen Sie die Abbildung zu Hilfe.

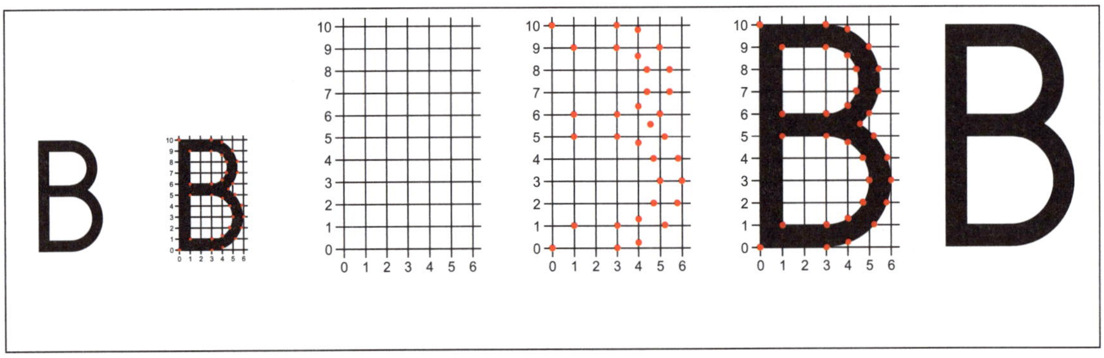

 Name: Klasse: Datum:

Vergrößerungsverfahren

5 Vergrößern Sie das Gebotszeichen im **Maßstab M 5:1**.

Gehen Sie dabei so vor, wie auf der vorhergehenden Seite in der Abbildung zu Aufgabe 4 dargestellt.

6 Wie heißt das Gebotszeichen?

Name: Klasse: Datum:

Schrift

1 Ergänzen Sie den Text mit folgenden Wörtern:

Versalien – Bilderschriften – Gemeine – Kommunikation – Alphabets – Buchstaben – Hieroglyphen – Schreibgerät – Wandmalereien – Groß- und Kleinbuchstaben

- Schon damals wollten die Menschen etwas festhalten und weitergeben, dadurch wurde Wissen geteilt, die ersten ____________ entstanden.
- Die Entwicklung der Schrift bildet einen wichtigen Baustein zur ____________ und den Austausch von Informationen zwischen den Menschen.
- In der Antike entwickelten die Phönizier auf der Grundlage von ____________ Lautzeichen. Diese wurden von den Griechen weiterentwickelt und in eine geometrische Form gebracht.
- Diese Schrift ist heute noch die Basis unseres ____________.
- Das römische Alphabet bestand zunächst nur aus Großbuchstaben (____________).
- Die aneinandergereihten ____________ waren mühsam zu lesen.
- Über mehrere Jahrhunderte hinweg entwickelte sich unser Alphabet aus ____________. Seit der Erweiterung um Kleinbuchstaben (____________) sind einzelne Wörter besser zu erkennen.
- Das Aussehen einer Schrift steht immer im Zusammenhang mit dem ____________.

2 Welches Wort haben Sie nicht einfügen können? ____________

3 Schreiben Sie Ihren Namen in der **einfachen Skelettschrift**.

4 Sammeln Sie aus Zeitungen und Prospekten Beispiele für die Schriftarten und kleben Sie sie in die freien Felder.

Antiqua-Schriften Antiqua-Schriften erkennt man an den Serifen. Serifen sind die Querstriche am oberen und unteren Ende der Buchstaben. Außerdem haben die meisten Antiqua-Schriften unterschiedliche Strichstärken innerhalb der einzelnen Buchstaben.
Grotesk-Schriften Buchstaben der Grotesk-Schriften haben keine Schmuckelemente und eine gleichmäßige Strichstärke. Wegen der fehlenden Serifen und der gleichmäßigen Linien nennt man diese Schrift auch serifenlose Linear-Antiqua.
Schreibschriften **und andere Schriften mit lateinischen Buchstaben** Hier werden alle Schriften eingeordnet, die nicht eindeutig in eine der anderen Gruppen passen.
Fremde Schriften Dazu gehören u. a. alle griechischen, hebräischen, arabischen und chinesischen Schriften.

Name: Klasse: Datum:

Schrift

5 Jede Schrift hat eine andere **Wirkung**.

a) Kreuzen Sie die Schrift an, die am besten zum jeweiligen Begriff passt.

☐ Stein	☐ Stein
☐ Elefant	☐ Elefant
☐ Ritter	☐ Ritter
☐ Technik	☐ Technik
☐ KINDERGARTEN	☐ Kindergarten
☐ Sportstudio	☐ Sportstudio
☐ Bäckerei	☐ Bäckerei

b) Vergleichen und diskutieren Sie Ihr Ergebnis mit Ihren Klassenkameraden.

6 Jede Schrift hat Ihren eigenen Ausdruck. Ordnen Sie den Schriftarten in der Tabelle eine der im Kasten genannten Wirkungen zu.

altertümlich – elegant – konservativ – robust

Schriftart	Wirkung
Schriftart	
Schriftart	
Schriftart	
Schriftart	

 Name: Klasse: Datum:

Schrift

7 Bringen Sie die Arbeitsschritte in die richtige Reihenfolge und beschreiben Sie sie kurz.

Bilder in falscher Reihenfolge	Beschreibung der abgebildeten Arbeitsschritte
☐ 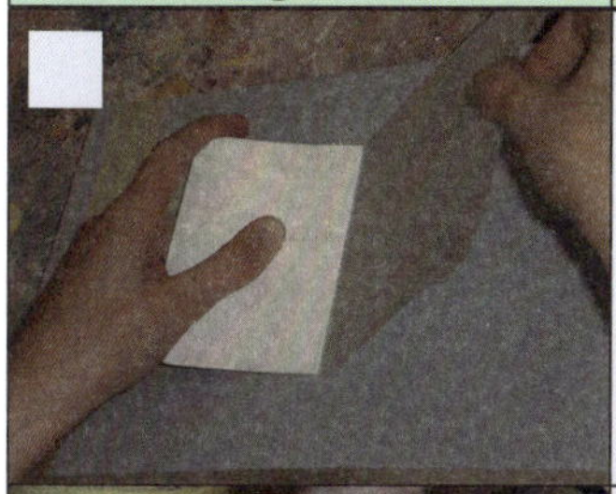	
☐ 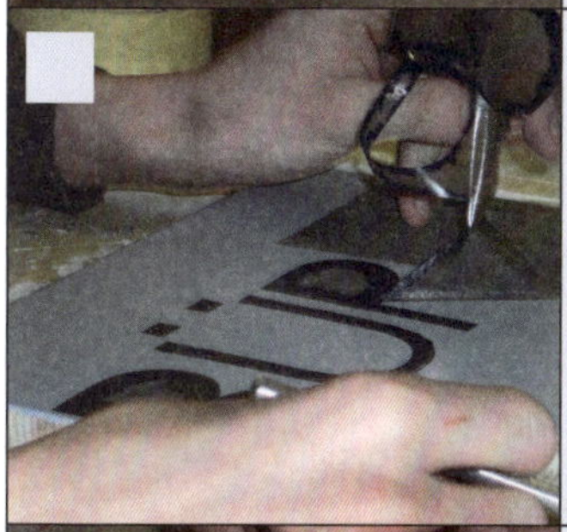	
☐ 	
☐ 	
☐ 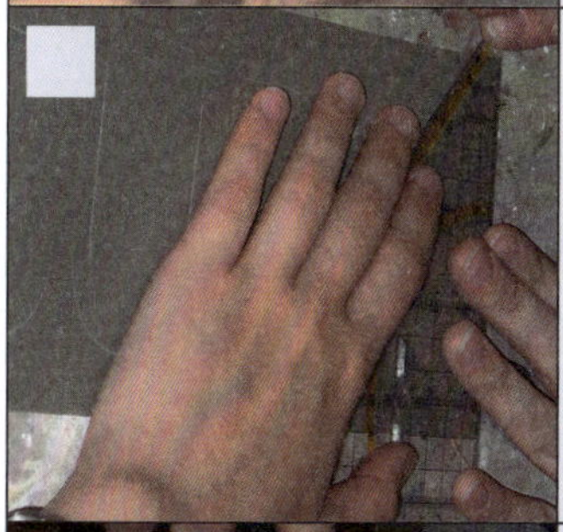	
☐ 	

Name: Klasse: Datum:

Buchstaben und Schrift

1 Buchstabenabwandlungen

a) Wählen Sie einen geraden Buchstaben z. B. E, F, I, L, T aus.

b) Verändern Sie diesen! Zeichnen Sie Ihre Lösung sauber und groß in die Quadrate ein.

2 Finden Sie **Buchstaben** in Ihrer Umgebung oder in der Natur.

a) Fotografieren Sie diese.

b) Erstellen Sie aus diesen Bildern ein eigenes Alphabet, wie im unten stehenden Beispiel.

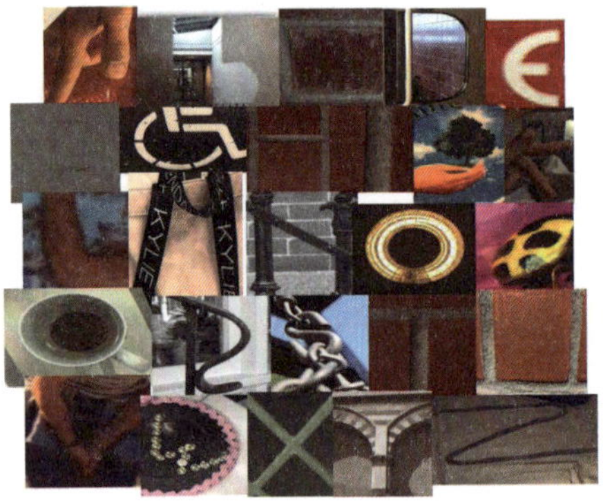

Beispiel-Collage

3 Schneiden Sie die **sechs Schriftnamen** auf Seite 113 aus. Vervollständigen Sie die Tabelle, indem Sie die Schriften richtig zuordnen und einkleben.

Klassifikation der Schrift nach DIN 16518

Gruppe I: venezianische Renaissance-Antiqua	ITC Weidemann
Gruppe II: französische Renaissance-Antiqua	
Gruppe III: Barock-Antiqua	Times New Roman
Gruppe IV: klassizistische Antiqua	
Gruppe V: serifenbetonte Linear-Antiqua	
Gruppe VI: serifenlose Linear-Antiqua	Avant Garde Gothic
Gruppe VII: Antiqua-Varianten	OMNIA
Gruppe VIII: Schreibschriften	
Gruppe IX: handschriftliche Antiqua	Felt Tip
Gruppe X: gebrochene Schriften	
Gruppe XI: fremde Schriften	

 Name: Klasse: Datum:

Material zum Ausschneiden

Zu Seite 53, Aufgabe 1, einzukleben auf Seite 54

Mikrofaser-Heizkörperrolle 	Heizkörper-Farbrolle Typ 1 	Polyamid-Kurzflorrolle 
Velours-Lackierwalze 	Lammfell-Farbwalze 	Acryllackierrolle 
Gepolsterte/ung. Polyamid-Farbwalze 	Schaumstoff-Lackierwalze bügelseitig rund 	Lackierrolle/-w. für wasserbas. PU-Lacke 

Zu Seite 112, Aufgabe 3

ITC Garamond	**Bodoni Old Face**	*Zapfino*
Rockwell	**Fraktur**	طكحيضسرذ

Zu Seite 64, Aufgabe 5

Gitterschnitt-kennwert Gt0 – Gt5	Erkennen von Schäden	Anlöseprobe 	Genaue Betrachtung
Pinsel und Verdünnung des neuen Beschich-tungsstoffs	Abrissprobe	Augenschein	Senkrechte und waagerechte Schnitte bis zum Untergrund
Einheit: 1 µm = 1/1000 mm	Elastische Späne => überlackierbar	Magnetischer Schichtdicken-messer	Klebebandtest 
Sichtprüfung 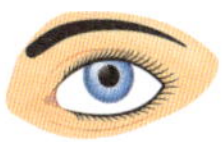	Gitterschnitt-messer/ Cuttermesser	Angriff der Altbeschichtung => nicht überlackierbar	Klebeband
Lösemittelprobe	Spatel oder Messerklinge	Kratzprobe 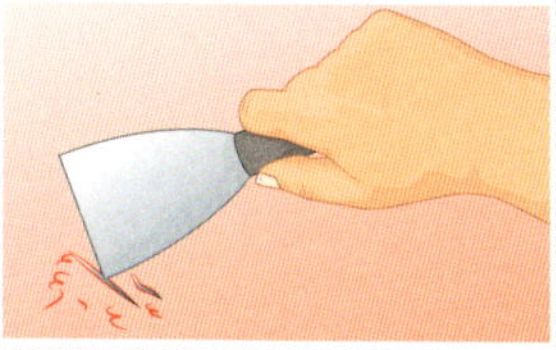	Mitgerissene Anstrichteile nicht überlackierbar
Spröde Späne => nicht überlackierbar	Gitterschnitt-prüfung 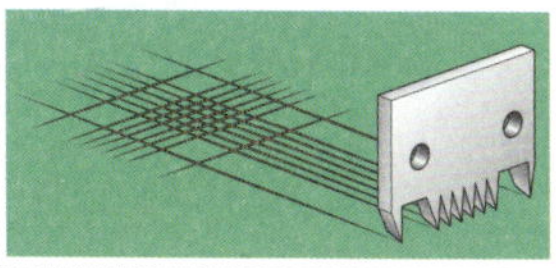	Messkamm	Schichtdicke 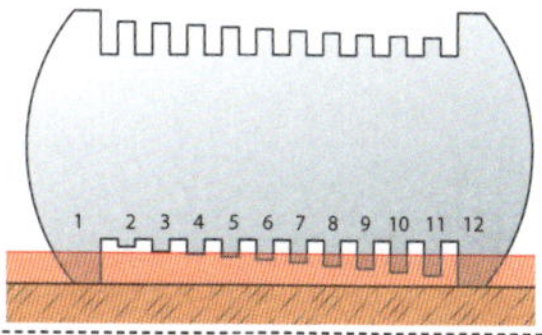